LES
VIGNES AMÉRICAINES

CATALOGUE ILLUSTRÉ ET DESCRIPTIF

AVEC DE BRÈVES INDICATIONS SUR LEUR CULTURE

Par MM. BUSH et Fils et MEISSNER

VITICULTEURS A BUSHBERG, JEFFERSON COUNTY, MISSOURI

Ouvrage traduit de l'anglais

PAR LOUIS BAZILLE

Vice-président de la Société d'horticulture et d'histoire naturelle de l'Hérault

REVU ET ANNOTÉ

PAR J.-E. PLANCHON

Correspondant de l'Institut, membre de la Société centrale d'agriculture et de la
Société d'histoire naturelle et d'horticulture de l'Hérault

MONTPELLIER
C. COULET, libraire-éditeur
LIBRAIRE DE LA FACULTÉ DE MÉDECINE, DE L'ACADÉMIE
DES SCIENCES ET LETTRES
GRAND RUE, 5

PARIS
V.-A. DELAHAYE ET Cie
LIBRAIRES-ÉDITEURS
PLACE DE L'ÉCOLE - DE - MÉDECINE

MDCCCLXXVI

LES

VIGNES AMÉRICAINES

CATALOGUE ILLUSTRÉ ET DESCRIPTIF

MONTPELLIER — IMPRIMERIE CENTRALE DU MIDI

Ricateau, Hamelin et Cie

LES

VIGNES AMÉRICAINES

CATALOGUE ILLUSTRÉ ET DESCRIPTIF

AVEC DE BRÈVES INDICATIONS SUR LEUR CULTURE

Par MM. BUSH et Fils et MEISSNER

VITICULTEURS A BUSHBERG, JEFFERSON COUNTY, MISSOURI

Ouvrage traduit de l'anglais

PAR LOUIS BAZILLE

Vice-président de la Société d'horticulture et d'histoire naturelle de l'Hérault

REVU ET ANNOTÉ

PAR J.-E. PLANCHON

Correspondant de l'Institut, membre de la Société centrale d'agriculture et de la
Société d'histoire naturelle et d'horticulture de l'Hérault

MONTPELLIER
C. COULET, libraire-éditeur
LIBRAIRE DE LA FACULTÉ DE MÉDECINE, DE L'ACADÉMIE
DES SCIENCES ET LETTRES
GRAND'RUE, 5

PARIS
V.-A. DELAHAYE ET Cie
LIBRAIRES-ÉDITEURS
PLACE DE L'ÉCOLE - DE - MÉDECINE

MDCCCLXXVI

INTRODUCTION

La question des vignes américaines est en ce moment à l'ordre du jour dans les régions du sud-est et du sud-ouest de la France où sévit le phylloxera. C'est par millions que le Languedoc, le Comtat et la Provence plantent ou greffent ces cépages exotiques; non pas, comme certains affectent de le croire et de le dire, avec l'idée de sacrifier à des variétés étrangères nos variétés indigènes, mais avec l'espoir de conserver ces dernières, en leur donnant pour supports et pour nourrices les racines robustes des vignes transatlantiques. Il y a donc pour le viticulteur européen un intérêt capital à connaître les caractères des vignes sauvages ou cultivées des Etats-Unis. Les matériaux pour cette étude ne manquent pas en Amérique même : les ouvrages classiques de Buchanam, Elias Durand, Fuller, Husmann, Downing, Strong et autres, sont pleins à cet égard de renseignements précieux. Mais l'ouvrage qui résume le mieux ce vaste sujet, et surtout qui, par les vignettes les plus nombreuses en fait saisir à l'œil le côté pittoresque et descriptif, c'est celui dont M. Louis Bazille a bien voulu faire profiter le public français, en s'imposant, dans un but désintéressé, la tâche toujours ingrate d'une traduction. Moi-même, dans mon récent opuscule sur les vignes américaines[1], j'avais mis largement à contribution le Catalogue illustré de MM. Bush et fils et Meissner; mais, pour que cette œuvre importante eût pour nos compatriotes toute son utilité, il fallait la reproduire tout entière, et, pour cela, obtenir des auteurs et de M. Riley (en ce qui concerne les dessins entomologiques), le prêt des clichés des vignettes, dont la copie aurait entraîné des frais incompatibles avec le but d'utilité et de vulgarisation que nous avions le désir d'atteindre. La libéralité de MM. Bush et Riley nous a rendu possible la réalisation de ce vœu. Grâce à leurs vignettes, et en attendant des dessins coloriés qui pourront se faire sur le vif, à mesure que les sujets se mettront à fruit dans nos cultures, les viticulteurs pourront se faire une idée des formes les plus importantes à connaître parmi ces raisins exotiques. Ils trouveront d'ailleurs, dans l'ouvrage,

[1] *Les Vignes Américaines, leur résistance au phylloxéra et leur avenir en Europe*, par J.-E. Planchon, etc. Montpellier, C. Coulet, libraire-éditeur, et Paris, Adrien Delahaye, place de l'Ecole-de-Médecine.— In-12. Prix : 2 fr. 50.

des descriptions claires, des faits précis sur la valeur des variétés. Le *Manuel de viticulture*, servant d'introduction au catalogue, nous initiera aux procédés de conduite générale de la vigne aux Etats-Unis, procédés que nos vignerons intelligents sauront bien vite modifier d'après les conditions locales de leur climat et de leur sol, mais dont il est bon, en tout cas, de connaître la valeur aux lieux mêmes où ces variétés ont été créées ou propagées.

Il est à peine besoin de dire que le caractère commercial du Catalogue de MM. Bush et fils et Meissner ne lui ôte, à nos yeux, rien de sa valeur scientifique. La collaboration d'hommes aussi distingués que MM. Engelmann et Riley prouverait, à elle seule, la valeur intrinsèque de l'œuvre, si cette valeur ne ressortait d'elle-même du ton de sincérité qui en est la note dominante. C'est donc en toute sûreté de conscience que le traducteur a pu reproduire, comme travail désintéressé, un catalogue commercial, et que moi-même, simple annotateur, j'ai été heureux de m'associer au service qu'un tel ouvrage peut rendre au public.

Bien que les auteurs nous aient laissé toute liberté de supprimer tels passages, d'en ajouter d'autres, d'en discuter et même d'en modifier quelques-uns, nous aurions craint, en cédant à cette tentation, d'altérer le caractère de l'œuvre. Nous avons tenu, au contraire, à en respecter même le format et l'apparence matérielle ; et, si nous avons de loin en loin introduit quelques remarques personnelles, c'est uniquement sous forme de notes succinctes, plutôt explicatives que critiques. Le temps n'est pas encore venu où l'expérience aura donné aux vignerons d'Europe le droit de parler *ex professo* des vignes américaines. Demandons d'abord aux Américains comment ils traitent leurs propres vignes ; nous saurons bientôt comment ces vignes se comportent chez nous, et peut-être aurons-nous alors à leur apprendre bien des choses qu'ils s'empresseront de nous emprunter.

J.-E. PLANCHON.

A NOS ACHETEURS

PRÉFACE DE LA 1ʳᵉ ÉDITION, 1869

Notre succès dans la culture de la vigne et la propagation des cépages nous a donné de grandes satisfactions; il a, en réalité, dépassé de beaucoup nos espérances. Eu égard à la grande concurrence de pépinières connues au loin et établies depuis longtemps, ce succès est très-flatteur. Il nous a encouragés à redoubler d'efforts, de manière à créer pour la saison prochaine un stock important, dont le mérite ne soit dépassé par celui d'aucun autre établissement du pays et qui embrasse presque toutes les variétés recommandables.

Nous ne prétendons pas « fournir des vignes *meilleures* et à *meilleur marché* que les autres établissements. » Nous ne prétendons pas que « le bénéfice pécuniaire soit une chose secondaire pour nous. » Nous laissons ces prétentions à d'autres; tout ce que nous ambitionnons, c'est l'espoir de mériter une part raisonnable dans l'appui du public, la confiance soutenue de nos acheteurs et un bénéfice convenable.

A cette occasion, nous ne pouvons nous empêcher de nous référer, avec un certain orgueil, aux assurances spontanées de satisfaction que nous avons reçues. Désirant remercier nos acheteurs d'une manière spéciale et palpable, et répondre au désir qui nous a été souvent adressé par nos correspondants, nous avons décidé de leur faire hommage d'un *Catalogue illustré et descriptif*, dans lequel sont clairement exposés les caractères et les mérites relatifs de nos différentes variétés.

Nous laissons à d'autres le soin de juger le mérite de cet opuscule. Nous avons essayé de faire quelque chose de plus qu'une simple liste de prix, quelque chose qui fût intéressant et utile pour les viticulteurs amis du progrès, et nous n'avons épargné ni le temps, ni la peine, ni l'argent, pour la préparation de ce travail.

L'usage s'est établi de faire précéder un Catalogue descriptif de fruits et de fleurs de quelques courtes indications pour leur culture. Nous avons dû en faire autant.

Nous savons toutefois que quelques courtes et très-incomplètes instructions, « quelques idées », font plus de mal que de bien. Généralement, elles troublent le novice ou représentent à tort la culture de la vigne comme une affaire très-facile, ne demandant pas une plus grande avance de capital, ou pas plus de connaissance, d'habileté ou de travail, que la production d'une récolte de céréales. Nous désirons éviter cet écueil. Mais, d'un autre côté, nous savons assez que les livres de viticulture excellents, mais un peu coûteux, de Fuller, Husmann, Strong et autres, ne sont pas achetés par tous les viticulteurs, qui sont même souvent un peu effrayés de lire des livres entiers. De plus, la culture de la vigne a fait des progrès considérables depuis que ces livres ont été écrits; leurs auteurs eux-mêmes, horticulteurs infatigables comme ils le sont, ont, par l'étude et l'expérience, modifié leurs vues sur quelques points, mais n'ont pas eu le temps ou les encouragements nécessaires pour rééditer leurs ouvrages.

Nous sommes arrivés ainsi à la conclusion qu'un court manuel, contenant de simples, mais complètes instructions, sur ce qui a trait à la plantation, la culture et la conduite de la vigne, vendu moins cher que sa valeur, serait bien accueilli du public.

Nous avons mis à profit les écrits de notre maître et ami, M. Husmann, et les ouvrages de Downing, Fuller et plusieurs autres, auxquels nous accordons en temps et lieu le crédit qu'ils méritent; et, si nous avons peu de prétention à avoir fait un travail original, nous espérons que ce Catalogue procurera du moins quelque plaisir et quelque avantage à plusieurs de ceux entre les mains desquels il arrivera.

Six années, embrassant les saisons les plus désastreuses et les plus favorables pour la culture de la vigne, se sont écoulées depuis la première édition de ce Catalogue. Notre expérience s'est enrichie, des observations ont été faites sur des variétés anciennes et sur des variétés qui n'avaient pas été essayées à cette époque, et quelques *nouvelles* variétés se sont ajoutées depuis lors à notre liste. Mais, par-dessus tout, la découverte du puceron des racines de la vigne, le phylloxera, a conduit à une étude nouvelle et radicale des vignes américaines.

Nos affaires comme viticulteurs et propagateurs ont pris de .tels développements, que nous avons renoncé à la culture et à la propagation des arbres fruitiers, et que nous avons consacré d'une manière spéciale et exclusive tout notre terrain, toutes nos ressources, nos soins et notre attention, à la culture de la vigne, pour laquelle nous avons des facilités exceptionnelles, et un sol et un emplacement très-favorables. Cela nous met à même d'entretenir un stock plus considérable, et permet au public et même aux principaux pépiniéristes dans d'autres branches de l'horticulture, de trouver plus d'avantages à traiter avec nous, dont les pépinières de vignes sont reconnues aujourd'hui comme étant le premier et le plus important établissement de ce genre aux États-Unis.

Nous devons notre réputation à notre résolution de satisfaire complétement nos acheteurs et de mériter leur entière confiance, en ne leur fournissant que des plantes saines, authentiques et de bonne qualité, sans mélange, portant leur vrai nom, emballées de la meilleure façon et à d'aussi bas prix que possible.

Nous n'avons 'pas de semis obtenu par nous, et nous recommandons avec impartialité seulement les variétés vieilles ou nouvelles, qui ont un mérite réel. Si la demande nous oblige à répandre quelques variétés inférieures l'Hartford prolific par exemple, et des variétés non essayées encore, surfaites peut-être par leurs obtenteurs, notre Catalogue descriptif épargnera au lecteur quelques-uns des amers désappointements dont les viticulteurs ont si souvent fait l'expérience. Pour être complets, et dans l'intérêt de la science, nous avons ajouté, en plus petits caractères, la description de presque toutes les anciennes variétés abandonnées et de plusieurs variétés nouvelles qui n'ont encore été ni éprouvées, ni propagées par nous. Nous avons cru ajouter ainsi à la valeur de ce Catalogue. quoique nous ajoutions en même temps à son prix de revient.

Nous nous sommes soigneusement efforcés d'éviter tous les éloges immérités et de mentionner les échecs de nos variétés, même les meilleures. Nous désirons spécialement mettre en garde contre l'erreur qui consiste à considérer une variété quelconque comme propre à une culture universelle. Pour cela, nous recommandons sérieusement une étude de la classification de nos vignes dans le Manuel. On évitera ainsi bien des insuccès, qui ont fait évanouir les espérances si répandues il y a dix ans, dans tout le pays, à l'endroit de la culture de la vigne ; et le succès de cette culture, aidé maintenant par un tarif plus élevé sur l'importation des vins, par la demande des raisins et de leurs produits, par des espérances plus raisonnables, et surtout par une meilleure connaissance du choix à faire des variétés, des emplacements et des modes de culture, sera relativement assuré.

MANUEL DE VITICULTURE

Climat, Sol et Exposition

Que la vigne soit originaire d'Asie, et que des bords de la mer Caspienne elle ait suivi les pas de l'homme, ou que les centaines de variétés qui existent aujourd'hui dérivent de formes ou d'espèces primordiales différentes, — toujours est-il que, bien qu'on la trouve en Europe du tropique du Cancer à la mer Baltique, et, en Amérique, du golfe du Mexique aux Lacs, la vigne n'en est pas moins le produit spécial de conditions climatériques définies. Il en est si bien ainsi que, même sous les climats qui lui conviennent le mieux, elle rencontre souvent des saisons qui entraînent, sinon un échec momentané, du moins un développement imparfait de son fruit. Après de longues et soigneuses observations sur la température et l'humidité dans les années de réussite et d'insuccès, nous avons fini par arriver à certaines conclusions précises, en ce qui concerne les influences météorologiques qui affectent la vigne[1].

En premier lieu, peu importe l'excellence du sol : si pendant les mois de la végétation, c'est-à-dire en avril, mai et juin, on a une température moyenne inférieure à 55 degrés Fahr. (12° 78'), et pen-

[1] James S. Lippincott, Climatology of american grapes. — Id. Geography of plants. — U. S. Agr. Reports, 1862 et 1863. — Dr J. Stayman, the Meteorological Influences affecting the grape.

dant ceux de la maturation, c'est-à-dire en juillet, août et septembre, une température inférieure à 65 degrés (18° 33'), il n'y pas d'espoir de réussite. Par contre, là où la température atteint une moyenne de 65 degrés pour les premiers de ces mois, et de 75° (23° 89') pour les seconds, toutes les autres conditions égales d'ailleurs, on peut obtenir des fruits d'excellente qualité, et des vins de beaucoup de corps et de grand mérite.

En second lieu, quand on a une moyenne de pluie de six pouces (152 millimètres) pour les mois d'avril, mai et juin, et de cinq pouces (126 millimètres) pour ceux de juillet, août et septembre, les autres conditions restant favorables, on ne peut pas réussir à cultiver la vigne. Quand la moyenne de la pluie pour les premiers de ces mois n'est pas de plus de 4 pouces (101 millimètres), et celle des derniers de plus de trois pouces (75 millimèt.), les autres conditions étant favorables, on peut cultiver avec succès les variétés robustes. Mais là où la moyenne de la pluie est inférieure à cinq pouces (126 millimètres) en avril, mai et juin, et à deux pouces (50 millimètres) en juillet, août et septembre, toutes autres conditions favorables d'ailleurs, on peut obtenir des fruits de la meilleure qualité et faire des vins de mérite et de beaucoup de corps.

Dans certaines contrées l'humidité, dans d'autres la sécheresse de l'air, peuvent naturellement modifier la proportion de pluie nécessaire ou nuisible à la vigne. Ici (à Saint-Louis, Missouri), un ciel clair et une atmosphère sèche, une température élevée et très-peu de pluie dans les trois derniers mois, des changements de température de moins de 10 degrés centigrades dans les vingt-quatre heures en toute saison, sont les conditions les plus favorables de succès.

Il y a peu de contrées où la vigne, dans les saisons favorables, pousse d'une manière parfaite, et il n'y a pas de contrée dans le monde où toutes les espèces de vigne puissent réussir. Des espèces de latitudes méridionales ne fleurissent pas si on les transporte plus au nord ; celles qui sont originaires de latitudes plus élevées ne supportent pas la chaleur du Midi. Le Scuppernong ne peut pas mûrir au nord de la Virginie. La *Vitis vulpina* (Fox grape du Nord) pousse difficilement dans les régions plus méridionales de la Caroline et de la Géorgie. Une vigne produisant d'excellents raisins dans le Missouri peut devenir très-médiocre dans les localités les plus favorisées du New-Hampshire.

Ainsi le climat, la moyenne et les extrêmes de la température, la longueur de la saison de la végétation, la quantité relative de pluie, les influences favorables de lacs et de grandes rivières, l'altitude aussi bien que le sol, ont une influence presque incroyable sur les diverses variétés de vignes. Un choix judicieux d'emplacements adaptés à la vigne et de variétés adaptées à notre région, à son climat et à son sol, est par conséquent de la première importance.

Malheureusement ce point n'a été et n'est même aujourd'hui qu'imparfaitement compris. Lors de la découverte du Nouveau Monde, on trouva des espèces indigènes sauvages. La légende nous apprend que, quand les Normands découvrirent pour la première fois ce pays, « Hleif Ericson » l'appela *Wineland* (le pays de la vigne). Déjà, en 1564, les premiers colons faisaient du vin avec les raisins indigènes de la Floride. Ainsi, dans les siècles qui ont précédé, on a fait accidentellement du vin, en Amérique, avec les vignes indigènes, et mention en est faite (les colons français établis près de Kaskaskia, Illinois, firent en 1769, avec des raisins de vignes sauvages, cent dix barriques de vin corsé) ; « mais ni la qualité du vin, ni le prix obtenu, n'offrirent des encouragements suffisants pour persévérer. » (Buchanan.)

La vigne européenne, *Vitis vinifera,* fut par suite considérée comme la seule véritable vigne à vin. Une Compagnie de Londres envoya, en 1630, des vignerons français en Virginie, pour y planter des vignes importées à cet effet. Les pauvres vignerons furent blâmés de leur échec. En 1633, William Penn essaya vainement d'introduire et de cultiver en Pensylvanie des variétés européennes. En 1690, des colons suisses, vignerons du lac de Genève, essayèrent de cultiver la vigne et de faire du vin dans le comté de Jessamine (Kentucky) ; mais leurs espérances furent bientôt frustrées, leur travail et leur capital — fr. 50,000, une grosse somme pour l'époque — furent perdus. Ce ne fut que lorsqu'ils commencèrent à cultiver une vigne indigène, qu'ils croyaient toutefois être originaire du Cap (voyez *Alexander*), qu'ils eurent un peu plus de succès.

Les tentatives faites avec des vignes d'Allemagne, de France et d'Espagne, renouvelées à plusieurs reprises, échouèrent toujours. On importa des milliers de vignes européennes des meilleures sortes, mais toutes périrent par les « vicissitudes du climat. » On cite des milliers d'échecs, pas un succès durable ; et Downing était parfaitement fondé à dire (*Horticulturist*, janvier 1851): « L'introduction de vignes étrangères dans notre pays pour la culture en grand est *impossible.* Des milliers de personnes l'ont essayée ; le résultat a toujours été le même : une saison ou deux de promesses, puis un échec complet.» (Il faut toujours excepter la Californie, qui était alors presque inconnue et qui est aujourd'hui l'État le plus grand producteur de vin de notre pays. Toutes nos remarques sur la culture de la vigne se rapportent seulement aux États situés à l'est des Montagnes Rocheuses).

Tandis que ce fait ne pouvait être nié, la cause en restait un mystère. Chacun déclarait la vigne européenne « impropre à notre sol et à notre climat ». Chacun attribuait son insuccès à cette cause. Mais nous, et sans doute plusieurs autres avec nous, nous ne pouvions nous empêcher de penser que « le sol et le climat » ne pouvaient pas en être les seules causes; car notre vaste pays possède un grand nombre de localités où le sol et le climat sont tout à fait semblables à ceux de plusieurs parties de l'Europe où la vigne de l'ancien monde prospère. Est-il dès lors raisonnable de supposer qu'aucune des nombreuses variétés cultivées en Europe, sous des conditions climatériques si variées, de Mayence à Naples, du Danube au Rhône, ne puisse trouver un point équivalent aux États-Unis, dans un pays qui comprend presque tous les climats de la zone tempérée ? Si le sol et le climat sont si peu appropriés, comment se fait-il que les jeunes et faibles vignes d'Europe poussent si bien et donnent tant d'espérances pendant quelques saisons, quelquefois même, dans les grandes villes, pendant plusieurs années ? Comment expliquer que les meilleures variétés européennes d'autres fruits, la poire par exemple, viennent parfaitement ici, et que, si ce n'était le charançon dit Petit Turc, la Reine-Claude et la prune d'Allemagne prospéreraient aussi bien ici qu'en Europe ? De légères différences de sol et de climat pourraient bien déterminer des différences marquées dans la constitution de la vigne, peut-être aussi dans le goût et la qualité des raisins, mais ne pourraient pas rendre suffisamment compte de leur insuccès absolu. Et cependant nos horticulteurs instruits ne voyaient pas d'autre cause; ils allaient même jusqu'à enseigner « que, si nous voulions réellement *acclimater* ici la vigne exotique, il fallait avoir recours aux semis et élever deux ou trois nouvelles générations dans le sol et sous le climat d'Amérique. » Pour obéir à ces indications on a fait en vain de nombreuses tentatives pour obtenir ici, par semis, des sujets de vigne européenne *qui supporteraient notre climat*. Comme leurs parents, ces sujets parurent réussir pendant un certain temps[1], pour être bientôt mis de côté et oubliés. Mais, en l'absence de toute raison expliquant ces échecs d'une manière satisfaisante, il est tout naturel qu'on n'ait pas cessé et qu'on ne cesse pas de faire des tentatives[2]. Nous-mêmes, au printemps de 1867, nous avons importé d'Autriche environ 300 plants enracinés (Veltliner, Baden bleu, Tantowina, Riesling, Tokay, Uva Pana, etc.), non pas dans l'espoir d'un succès, mais en vue de découvrir,

[1] Parmi les vignes exotiques gagnées de semis aux États-Unis, et qui ont eu un nom et de la vogue, citons: *Brinkle et Emily*, obtenus par Peter Raabe, de Philadelphie; *Brandy Wine*, né près de Wilmington, Del.; *Katarka*, *Montgomery* ou *Merrit's seedling*, obtenus par le Dr W. A. Roy, de Newburg, N-.Y. A ceux-ci se rattachent aussi *Claret* et *Weehawken* (Voir la description). N. Grein, près d'Hermann, Mo., a cultivé pendant ces dernières années des centaines de vignes provenant de graines de Riesling importées: la plupart furent stériles; l'une d'elles, cependant, se trouva assez fertile et exempte de maladie pour permettre à son obtenteur de faire un peu de vin l'automne dernier (1874), vin dont la qualité et le bouquet sont égaux à ceux *du meilleur Riesling des bords du Rhin*!

[2] Th. Rush, un Allemand, planta en 1860 des variétés de *Vinifera* dans l'île Kelley; elles parurent remarquablement bien marcher les trois premières années; elles moururent alors et furent remplacées par des vignobles de Catawba, que son fils cultive encore avec succès.

Tout récemment, en 1872, M. J. Labiaux, à Ridgeway (Caroline du Nord), entreprit la plantation de 70,000 sarments (principalement Aramons) importés du midi de la France. Dans la même contrée, M. Eug. Morel, élève du docteur Jules Guyot (la meilleure autorité en fait de viticulture française), et d'autres, cultivent aussi plusieurs milliers de vignes européennes. Avec quel succès ? C'est ce qu'il faudra voir !

par une observation attentive, la cause réelle de l'insuccès, et, en la connaissant, d'arriver peut-être à y obvier. Les vignes poussèrent d'une manière splendide; mais pendant l'été de 1869, quoique portant quelques beaux fruits, elles commencèrent à montrer dans leur feuillage une apparence jaunâtre et maladive. En 1870, plusieurs étaient mourantes, et nous désespérions presque de découvrir la cause de cette souffrance, quand notre entomologiste d'État, le professeur C.-V. Riley, nous informa d'une découverte qui venait justement d'être faite en France, par MM. Planchon et Lichtenstein. D'après eux, la sérieuse maladie de la vigne qui avait attaqué leurs beaux vignobles était causée par un puceron des racines, ayant une grande ressemblance avec notre puceron américain des feuilles, puceron à galles, insecte depuis longtemps connu ici, mais alors plus abondant que d'habitude, et couvrant, en 1870, toutes les feuilles de Clinton.

En 1871, et souvent depuis lors, M. le professeur Riley a visité nos vignobles, avec notre pleine autorisation et notre concours empressé, pour déterrer à la fois des vignes saines et des vignes malades, afin d'en examiner les racines et d'étudier la question. Ses observations et celles du professeur Planchon, faites par l'un et l'autre aussi bien ici qu'en France, et vérifiées et confirmées dans la suite par tous les naturalistes éminents, ont établi l'identité de l'insecte américain avec celui qu'on venait de découvrir en France, et celle des deux types, le puceron des feuilles et celui des racines. Ainsi a été découverte la cause, principale du moins, de l'insuccès absolu des vignes européennes dans notre pays[1]. Mais on n'a trouvé contre le mal aucun remède satisfaisant. Tandis que le *mildew* (*Peronospora* et *Oïdium*) peut être traité avec succès par le soufre, il paraît jusqu'à présent impossible de détruire ou de tenir en

[1] Voy. *Insectes nuisibles à la vigne*, à la fin de ce Manuel.

échec cet insecte ennemi ; tandis que les vigoureuses racines de nos vignes d'Amérique jouissent d'une immunité relative, le fléau se développe sur les racines plus tendres de la vigne d'Europe, qui succombe promptement.

La Commission française, dans son rapport au Congrès viticole tenu à Montpellier en octobre 1874, est arrivée à cette conclusion, que : « en présence des insuccès où ont abouti toutes les tentatives faites depuis 1868, en vue de préserver ou de guérir nos vignes, et en voyant que, après six ans d'efforts dans ce sens, on n'a trouvé, sauf la submersion, aucun procédé efficace, beaucoup de gens sont tout à fait découragés et, à tort ou à raison, voient dans les vignes américaines la seule planche de salut. » Combien plus alors devons-nous regarder aux espèces que nous trouvons indigènes ici et à leurs descendants, pour réussir dans la culture de la vigne!

La connaissance des caractères distinctifs permanents de nos espèces et une classification nette de nos variétés sont d'une importance beaucoup plus grande qu'on ne le suppose généralement[1]. Il est possible que certains viticulteurs sautent les pages suivantes comme inutiles ; nous espérons que d'autres nous sauront gré d'in-

[1] M. A.-S. Fuller lui-même, dans son excellent *Traité de la culture de la vigne*, écrit en 1866, disait : «Pratiquement, il est de peu d'importance de savoir comment on envisage ces formes inusitées (d'espèces distinctes ou de variétés définies de ces espèces) ; elles n'ont d'intérêt pour le cultivateur que comme variétés, et il ne lui importe pas d'une manière particulière que nous ayons cent espèces natives ou que nous n'en ayons qu'une.» Nous avons la satisfaction de voir qu'il y attache beaucoup plus d'importance aujourd'hui. Au surplus, les *descriptions de variétés* deviennent beaucoup plus complètes et plus intelligibles quand on peut les rapporter aux espèces auxquelles elles appartiennent respectivement. Quand on connaît les particularités distinctes et caractéristiques de chaque espèce, il devient superflu de mentionner pour une vigne de la classe des *Æstivalis* qu'elle est exempte de goût de *foxy*, ou pour une *Labrusca* que le feuillage est duveteux en dessous, etc.

sérer dans ce Catalogue le remarquable travail du savant le mieux au fait de ce sujet, — du docteur G. Engelmann.

Il y a vingt-cinq ans, Robert Buchanan écrivait les lignes suivantes dans son précieux petit livre sur la culture de la vigne : « Un arrangement parfait et définitif de toutes nos variétés restera le travail de l'avenir ; mais il faut espérer qu'un but si désirable ne sera pas perdu de vue. » Par ses relations avec la question de la susceptibilité relative de nos vignes aux attaques du phylloxera, ce but est devenu encore plus désirable ; il est aujourd'hui d'une importance capitale.

Les Vignes proprement dites des États-Unis

Par le Dr G. ENGELMANN

Les vignes comptent au nombre des plantes les plus variables. Cette variabilité ne tient pas seulement à la culture, qui a produit d'innombrables variétés ; elle existe même dans leur état sauvage, dans lequel le climat, le sol, l'ombre, l'humidité, et peut-être l'*hybridation naturelle*, ont donné naissance à une telle multiplicité et un tel enchevêtrement de formes, qu'il est très-difficile de reconnaître les types originaires et de rapporter à leurs propres souches les différentes formes données. Ce n'est que par une étude attentive d'un nombre considérable de formes tirées de toutes les parties du pays, dans leur mode de développement, et spécialement leur fructification, ou plutôt *leurs graines,* qu'on peut arriver à quelque chose qui approche d'une disposition satisfaisante de ces plantes.

Avant de passer à la classification de nos vignes, quelques remarques préliminaires me paraissent nécessaires.

Les véritables vignes portent toutes des fleurs fertiles sur un pied et des fleurs stériles sur un autre pied séparé, et sont, par suite, appelées *polygames*, ou assez improprement *dioïques*. Les plantes stériles portent des fleurs mâles dont les pistils ont avorté ; en sorte que, si elles ne produisent jamais de fruits elles-mêmes, elles peuvent servir à féconder les autres. Toutefois les fleurs fertiles sont réellement hermaphrodites, puisqu'elles possèdent les deux organes et qu'elles sont capables de mûrir leur fruit sans le secours des plantes mâles [1].

On ne paraît avoir jamais observé de véritables fleurs femelles dépourvues d'étamines. Les deux formes, la forme mâle et la forme hermaphrodite, ou, si l'on préfère, celles à fleurs stériles et celles à fleurs complètes, se trouvent mélangées dans les localités natives des plantes sauvages ; mais on n'a choisi pour la culture que les plantes fertiles, et voilà pourquoi

[1] Toutefois ces plantes fertiles sont de deux sortes. Quelques-unes sont de parfaits hermaphrodites, avec des étamines longues et droites, autour du pistil. Les autres portent des étamines plus petites, plus courtes que le pistil, qui bientôt s'inclinent en bas et se recourbent sous lui. On peut appeler celles-ci *hermaphrodites imparfaites*, se rapprochant des fleurs femelles. Elles ne paraissent pas être aussi fructifères que les hermaphrodites parfaites, à moins qu'elles ne soient fécondées autrement.

C'est le cas d'insister ici sur ce fait, que la nature n'a pas produit les plantes mâles sans un but défini, et que ce but est, sans aucun doute, dans la fécondation plus parfaite des fleurs hermaphrodites ; car c'est une chose parfaitement établie, que cette fécondation croisée produit des fruits plus abondants et plus sains. Les viticulteurs pourraient mettre à profit ces observations et planter quelques pieds mâles dans leurs vignobles, par exemple 1 sur 40 à 50 pieds fertiles. Ils pourraient compter par là sur des fruits plus sains, qui résisteraient au rot et à d'autres maladies, probablement mieux que le fruit venu dans les conditions ordinaires. Je m'attendrais à cette influence favorable, surtout avec toutes les variétés qui ont des étamines courtes, comme le Taylor. On peut obtenir facilement des pieds mâles, soit dans les bois, soit de graines. Il est clair qu'il faudrait que le pied mâle appartînt à la même espèce (il n'est pas nécessaire que ce soit à la même variété) que les plantes fertiles du même vignoble. Les viticulteurs d'Europe pourraient aussi profiter de cette indication.

l'agriculture ne connaît qu'elles; et, comme la vigne de l'Ancien Monde est cultivée depuis des milliers d'années, il en est résulté qu'on a pris à tort ce caractère hermaphrodite des fleurs pour une particularité botanique, par laquelle on croyait qu'il fallait la distinguer, non-seulement de nos vignes américaines, mais aussi des vignes sauvages de l'Ancien Monde. Mais les plantes obtenues des graines de la vigne d'Europe, aussi bien que de toute autre vigne véritable, donnent généralement autant de sujets fertiles que de sujets stériles, tandis que celles qu'on obtient de marcottes ou de boutures ne reproduisent, comme il faut s'y attendre, que le caractère individuel de la plante-mère.

La disposition particulière des vrilles, signalée pour la première fois par le professeur A. Braun, de Berlin, fournit une caractéristique importante pour distinguer de toutes les autres l'une de nos espèces les plus communes, la *Vitis Labrusca*, aussi bien ses variétés sauvages que ses variétés cultivées. Dans cette espèce, — et c'est la seule qui soit ainsi — les vrilles ou leur équivalent, une inflorescence, sont opposées à chaque feuille; arrangement que je désigne sous le nom de *vrilles continues*. Toutes les autres espèces que je connais présentent une alternance régulière de deux feuilles, ayant chacune une vrille opposée, avec une troisième feuille sans vrille; arrangement qu'on pourrait nommer *vrilles intermittentes*. Comme tous les caractères tirés de la végétation, celui-ci n'est pas absolu. Pour le bien observer, il faut examiner des sarments bien venus, pris au commencement de l'été, et non pas des jets d'une vigueur extraordinaire ou de petites branches d'automne rabougries. Les quelques petites feuilles du bas du sarment n'ont pas de vrilles opposées; mais, après la seconde ou la troisième feuille, la régularité de l'arrangement des vrilles, tel que je viens de le décrire, manque rarement de se présenter. Sur des branches faibles, on trouve quelquefois des vrilles placées irrégulièrement à l'opposé des feuilles, ou quelquefois on n'en trouve pas du tout.

C'est un fait remarquable, lié à cette loi de végétation, que la plupart des vignes portent sur le même sarment seulement deux inflorescences (par conséquent deux grappes de raisins); tandis que, dans les formes se rattachant au *Labrusca*, il y en a souvent trois et quelquefois, sur les pousses vigoureuses, quatre et cinq, ou rarement six de suite, chacune opposée à une feuille. Toutes les fois que, dans d'autres espèces et dans des cas rares, il y a une troisième ou une quatrième inflorescence, on trouve toujours une feuille stérile (*a barren leaf*) (sans inflorescence opposée) entre la seconde et la troisième.

Les jeunes plants (*young seedlings*) de toutes les vignes sont glabres, ou seulement très-légèrement pourvus de poils. Le duvet cotonneux, ou en forme de toile d'araignée, si caractéristique de quelques espèces, ne fait son apparition que chez les plantes plus âgées ou adultes[1]. Mais, chez quelques-unes de leurs variétés, et assez souvent chez les variétés cultivées, on l'observe surtout au moment de la jeune pousse de printemps, et il peut disparaître quand la feuille a mûri. Mais, même alors, ces feuilles ne sont jamais luisantes comme elles le sont dans les espèces glabres; elles ont une surface sombre et non unie, ou même ridée.

La forme des feuilles est extrêmement variable, et les descriptions doivent nécessairement rester vagues. Les feuilles des jeunes plantes (*seedling plants*) sont entières, c'est-à-dire non lobées. De jeunes pousses venant à la base de vieilles tiges (*stems*) ont, comme règle générale, des feuilles profondément et diversement lobées, même là où la plante adulte (*mature*)

[1] Je dois dire pourtant que chez des *Mustang* levés de semis, à Montpellier, à Montsauve, près Anduze, à Bordeaux, le duvet cotonneux des feuilles s'est montré chez de très-jeunes plants. » J.-E. PLANCHON.

ne présente pas cette disposition. Quelques espèces, comme la *Vitis riparia*, ou quelques formes d'un petit nombre d'espèces (*Vitis Labrusca* et *Vitis Æstivalis*), ont les feuilles plus ou moins lobées, tandis que d'autres ne présentent, même sur les plantes adultes, que des feuilles entières ou, pour mieux dire, non lobées. On ne doit considérer comme normales que les feuilles des sarments qui portent fleur.

La surface des feuilles est lustrée et luisante, et le plus souvent vert clair ; ou bien elle est mate en dessus et plus ou moins glauque en dessous. Les feuilles lustrées sont parfaitement glabres, ou bien elles portent souvent, spécialement sur les nervures de la partie inférieure, une pubescence de poils courts. Les feuilles mates sont cotonneuses ou aranéeuses, duveteuses sur les deux côtés ou seulement en dessous. Ce duvet s'étend souvent jusqu'aux jeunes branches et aux pédoncules ; mais, comme je l'ai déjà dit souvent, il disparaît avec l'âge.

On ne peut pas tirer un caractère bien distinctif de l'examen des fleurs. J'ai vu cependant que, dans certaines formes, les étamines ne sont pas plus longues que le pistil et se recourbent de bonne heure sous lui, tandis que, dans d'autres formes, elles sont beaucoup plus longues que le pistil et restent érigées jusqu'à ce qu'elles tombent. Il est possible que les fleurs à étamines courtes soient moins fertiles que les autres.

L'époque de la floraison est tout à fait caractéristique chez nos espèces indigènes ; il semble même que les variétés cultivées conservent en cela les qualités de leurs ancêtres. Les différentes formes de *Riparia* et de *Cordifolia* fleurissent les premières de toutes ; viennent ensuite le *Labrusca* et ses alliés, et enfin l'*Æstivalis*, qui est l'espèce la plus tardive à fleurir. Si nous pouvons en juger par un petit nombre d'observations isolées, la *V. vinifera* fleurit plus tard que le *Labrusca* et un peu plus tôt que l'*Æstivalis*. La *V. riparia*

commence à entr'ouvrir ses fleurs, suivant la saison, d'une à plus de deux semaines plus tôt que les premières fleurs de l'*Æstivalis* dans les mêmes localités. Dans les vignobles des environs de Saint-Louis, favorablement situés, les premières vignes (*Riparia*) commencent à fleurir du 10 au 28 mai, et les dernières (*Æstivalis*), du 1er au 15 juin. Il n'est pas probable que nous puissions avoir ici aucune vigne en fleur avant le 10 mai ou après le 15 juin[1].

Les *graines* fournissent un des caractères botaniques des vignes. Les grappes peuvent être plus ou moins grandes, plus ou moins compactes, ailées (*shouldered*) ou plus simples, conditions qui dépendent, dans une large mesure, du sol et de l'exposition ; les grains peuvent être plus ou moins gros, de couleur et de consistance différentes, et contenir plus ou moins de graines (jamais plus de quatre); mais les graines, quoique dans une certaine mesure variables, surtout sous le rapport du nombre et de la pression qu'elles exercent les unes sur les autres, quand il y en a plus d'une, présentent pourtant quelques différences certaines[2]. Le gros bout de la graine est convexe ou arrondi, ou plus ou moins profondément entaillé. Le petit bout, celui d'en bas (*the beak*), est court et abrupte, ou plus ou moins allongé. Sur le côté interne (ventral) se trouvent deux légères dépressions longitudinales. Entre ces deux dépressions est un bourrelet léger quand il y a une ou deux graines, ou plus prononcé quand il y en a trois ou qua-

[1] La *V. vulpina* fleurit même plus tard que l'*Æstivalis*, dans le Sud; ici elle ne vient pas.
Ces remarques sont données ici plutôt pour engager les viticulteurs à consacrer quelque attention à des observations de ce genre que comme des points parfaitement réglés.
[2] Une graine isolée est toujours plus épaisse, plus replète, plus arrondie; deux graines sont aplaties sur le côté interne et arrondies sur le côté externe ; trois ou quatres graines sont plus allongées et angulaires. Ces différentes variations peuvent quelquefois se rencontrer dans les graines d'une même grappe.

tre. Le long de ce bourrelet court le raphé (le funicule adhérent ou la corde), qui part du hile, là où est le bec, passe au sommet de la graine et se termine sur sa partie postérieure en un point ovale ou circulaire bien marqué, appelé par les botanistes *chalaze*. Ce raphé est représenté sur ce bourrelet par un fil délié, qui, au haut de la graine et derrière, est entièrement indistinct ou à peine perceptible, ou qui est plus ou moins proéminent comme un fil. Dans nos espèces américaines, ces caractères paraissent être passablement sûrs; mais, dans les variétés de la vigne de l'Ancien Monde (*Vinifera*) éloignées depuis des milliers d'années de leurs sources natives, la forme de la graine a subi aussi d'importantes modifications et ne peut plus être considérée comme un guide aussi sûr que dans nos espèces.

Les planches ci-jointes de 18 graines font ressortir les différents caractères que nous venons de mentionner. Les dessins sont grossis quatre fois (4 diamètres); ils sont accompagnés d'un croquis au trait représentant la grandeur naturelle ; tous représentent la partie de derrière de la graine sèche.

Fig. 1 à 3.— *Vitis œstivalis*, avec le raphé et la chalaze, celle-ci plus ou moins circulaire, fortement développée. Les graines proviennent de vignes sauvages recueillies près de Saint-Louis ; les formes cultivées sont très-semblables. Les figures 1 et 2 ont été faites d'après des grains contenant une et deux graines ; la figure 3, d'après un grain plus gros contenant 4 graines.

Fig. 4 à 7. — *Vitis riparia*, d'après des plantes sauvages ; fig. 4 et 5, de Goat Island aux chutes du Niagara ; fig. 4, une graine isolée, large ; fig. 5, graine à 3 graines dans le grain ; fig. 6, graine à 2 graines dans le grain, provenant du lac Champlain, dans le Vermont ; fig. 7, graine du raisin de Juin (*June grape*), des bords du Mississipi, au-dessous de Saint-Louis. Les graines sont obtuses, ou très-légèrement déprimées au sommet; la chalaze

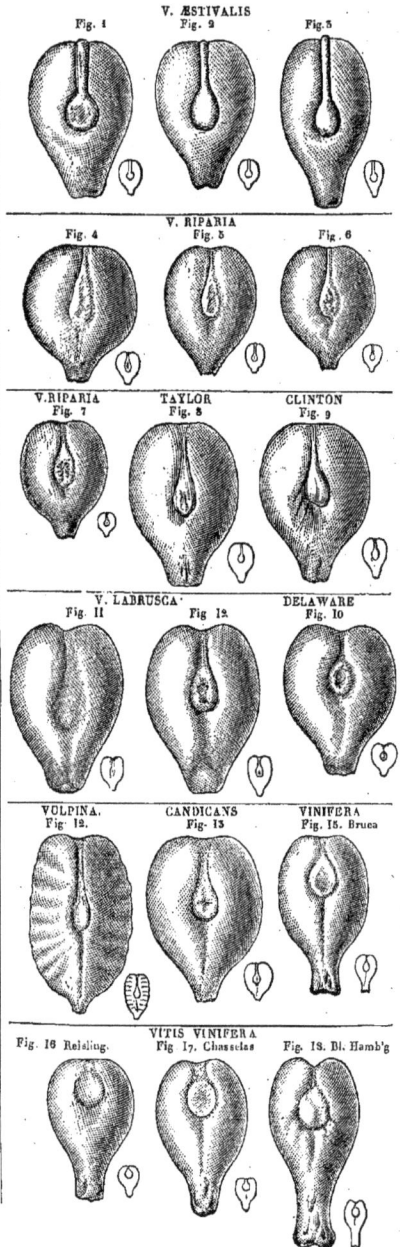

V. ÆSTIVALIS
Fig. 1   Fig. 2   Fig. 3

V. RIPARIA
Fig. 4   Fig. 5   Fig. 6

V. RIPARIA   TAYLOR   CLINTON
Fig. 7   Fig. 8   Fig. 9

V. LABRUSCA   DELAWARE
Fig. 11   Fig. 12   Fig. 10

VULPINA.   CANDICANS   VINIFERA
Fig. 14.   Fig. 13   Fig. 15. Bruce

VITIS VINIFERA
Fig. 16 Reisling.   Fig 17. Chasselas   Fig. 18. Bl. Hamb'g

plutôt plate, allongée et se perdant graduellement dans une rainure, qui renferme le raphé à peine saillant. Les graines de la vraie *V. cordifolia* sont semblables, mais ordinairement avec un raphé plus saillant, en quelque sorte intermédiaire entre l'*Æstivalis* et le *Riparia*.

Fig. 8 et 9. — *Taylor-Bullit* et *Clinton*, tous les deux considérés comme des formes cultivées du *Riparia*, avec des graines plus grosses, mais de la même forme.

Fig. 10. — *Delaware,* à graines larges, entaillées; raphé indistinct et chalaze plutôt plate ; paraît intermédiai re entre le *Riparia* et le *Labrusca*.

Fig. 11 et 12. — *Vitis Labrusca*. Fig. 11. Vigne originaire du district de Colombie, et fig. 12, des montagnes du Tennessee oriental. Graines grandes, entaillées; chalaze plus déprimée dans la première que dans la seconde; on ne voit point de raphé dans la rainure qui s'étend de la chalaze à l'entaille.

Fig. 13. — *Vitis candicans,* du Texas, semblable à la dernière. Graines plus larges, avec un bec plus court, moins distinctement entaillées; pas de raphé visible.

Fig. 14. — *Vitis vulpina,* de la Caroline du Sud. Graine très-distincte, plus plate, avec des bords plus droits, à bec court, plissée sur les deux faces, entaillée au sommet; chalaze étroite; pas de raphé visible.

Fig. 15 à 18. — *Vitis vinifera* d'Europe, différentes formes que nous donnons ici par comparaison avec les espèces américaines. Fig. 15. *Brusca,* espèce indigène de la Toscane (Italie du Nord) ; fig. 16, *Riesling,* cultivé sur les bords du Rhin ; fig. 17, *Gutedel (Chasselas),* de la même région ; fig.18, *Black-Hamburg,* d'une grapery (serre à vignes) près de Londres.

Ces graines, quelque différentes qu'elles soient entre elles, se distinguent aisément de toutes les graines de vignes américaines par leur extrémité inférieure (*beak*) plus étroite et généralement plus longue, et surtout par leur chalaze grande, quoi-que pas très-saillante, qui occupe la partie supérieure et non la partie médiane de la graine. Ces quatre spécimens représentent les principales formes du type, mais toutes les graines des vignes d'Europe ne concordent pas avec ces formes-là.

Il est intéressant de savoir que, depuis l'époque de Linné et de Michaux, on n'a pas ajouté une seule espèce réelle à celles qui appartiennent au territoire des anciens États-Unis, à l'est du Mississipi, quoique Rafinesque, Le Conte et peut-être d'autres encore, aient essayé d'en distinguer et d'en caractériser un beaucoup plus grand nombre; tandis que M. Regel, directeur du Jardin botanique de Saint-Pétersbourg, a récemment tenté, en violant les affinités naturelles, de les condenser et de les réunir à l'espèce de l'Ancien Monde, — la *Vitis vinifera,* — provenant, d'après ses vues, de l'hybridation de plusieurs de ces espèces [1].

[1] La vigne de l'Ancien Monde, *Vitis vinifera* Linné, trouve sa place dans cette section (des vignes vraies) entre la *Vitis riparia* et la *Vitis æstivalis*. Quoique plusieurs de ses variétés cultivées donnent des grains aussi gros ou même plus gros que ceux d'aucune de nos vignes américaines, d'autres formes cultivées, et spécialement les vignes à vin par excellence, celles dont on obtient les meilleurs vins, comme aussi les vignes sauvages ou naturalisées, n'ont pas le fruit plus gros que nos espèces indigènes mentionnées plus haut.

Cette plante, comme le blé, appartient à ces acquisitions les plus reculées de la culture, dont l'histoire remonte au delà des plus anciens témoignages écrits. Non-seulement les sépulcres des momies de l'ancienne Égypte nous en ont conservé le fruit (des grains d'une belle dimension) et les graines, mais on en a même découvert des graines dans les habitations lacustres du nord de l'Italie. C'est une question controversée que de savoir où placer le pays d'origine de cette plante, si nous devons ou non à un ou à plusieurs pays les différentes variétés de la véritable *V. vinifera,* et si nous les devons ou non à une ou plusieurs espèces sauvages primitives qui, par une culture poursuivie pendant des siècles et par des hybridations accidentelles et répétées, auraient produit les formes sans nombre connues de nos jours. Cela nous fait penser forcément aux nombreuses formes de notre chien, dont nous ne pouvons pas non plus suivre la

Le nombre des véritables vignes (à pétales adhérant au sommet et se séparant à la base, de sorte que la corolle tombe sans s'épanouir, et à fruit comestible) considérées comme bonnes espèces, dans le territoire actuel des Etats-Unis, est borné à neuf, qui peuvent être énumérées comme suit :

I. — Vignes à écorce se détachant et fendillée, grimpant à l'aide de vrilles rameuses, ou (dans le n° 1) sans vrilles et ne grimpant pas du tout.

A. — Grains petits, 3 — 6 ou rarement 7 lignes de diamètre (dans le n° 7, plus grands); graines plus ou moins arrondies au sommet, avec le raphé souvent plus

trace, mais qui difficilement peuvent dériver d'une seule espèce sauvage, primitive. M. Regel, de S-Pétersbourg, attribue ces différentes formes de la *V. vinifera* au croisement d'un petit nombre d'espèces bien connues à l'états sauvage aujourd'hui. Le professeur Braun, de Berlin, suppose qu'elles descendent d'espèces distinctes qu'on trouve encore à l'état sauvage dans plusieurs parties du midi de l'Europe et de l'Asie, qu'il considère par conséquent, non comme issues accidentellement des plantes cultivées, ainsi qu'on le croit généralement, mais comme les parents originaires. Je puis ajouter, d'après mes propres recherches, que la vigne qui habite les forêts primitives des rives basses du Danube (*bottom-woods*), des fonds boisés, comme nous les appellerions, depuis Vienne jusqu'en Hongrie, représente bien nos *Vitis cordifolia* et *riparia*, avec leurs souches (*stems*) de 3, 6 à 9 pouces d'épaisseur, leur habitude de grimper sur les arbres les plus élevés, leurs feuilles lisses, luisantes, à peine lobées, et leurs petits grains noirs.

D'un autre côté, la vigne sauvage des fourrés des contrées accidentées de la Toscane et de Rome, avec sa végétation plus basse, ses feuilles duveteuses et son fruit plus gros et plus agréable, qui, suivant l'expression d'un botaniste italien, «ne fait pas un mauvais vin», nous rappelle, malgré la dimension plus petite de ses feuilles, notre *Vitis æstivalis*. Elle était connue des anciens sous le nom de *Labrusca*, nom improprement appliqué par la science à l'espèce américaine, et elle est appelée encore aujourd'hui *Brusca* par les gens du pays. Les vignes des contrées au sud du Caucase, l'ancienne Colchide, considérée comme la patrie originaire de ces plantes, ressemblent beaucoup à la plante italienne que je viens de décrire.

La vigne d'Europe est caractérisée par des feuilles un peu lisses et, quand elles sont

ou moins saillant au sommet et derrière, ou imperceptible. Toutes les espèces de ce groupe ont (sur les pousses d'une bonne venue) des vrilles intermittentes :

1. VITIS RUPESTRIS, Scheele.
   Bush grape ou Sand grape.
2. VITIS CORDIFOLIA, Michaux.
   Winter ou Frost grape.
3. VITIS RIPARIA, Michaux.
   Riverside grape.
4. VITIS ARIZONICA, Engelmann.
   Arizona grape.
5. VITIS CALIFORNICA, Bentham.
   California grape.
6. VITIS ÆSTIVALIS, Michaux.
   Summer grape.
7. VITIS CANDICANS, Engelmann.
   Mustang grape, du Texas.

B. — Grains gros, 7—9 ou même 10 lignes de diamètre ; raphé à peine visible sur le sommet plus ou moins entaillé de la graine ; vrilles continues.

8. VITIS LABRUSCA, Linné.
   Northern Fox grape.

II. — Vignes à écorce fortement adhérente (sur les branches plus jeunes), ne se détachant que sur les vieilles tiges; racines aériennes partant de troncs inclinés dans les localités humides; vrilles intermittentes simples; grains très-gros (7—10 lignes d'épaisseur), très-peu nombreux à la grappe, se détachant aisément d'eux-mêmes quand ils sont mûrs ; graines à rides transversales ou rainures minces des deux côtés.

9. VITIS VULPINA, Linné.
   Southern Fox grape, ou Muscadine.

jeunes, luisantes, à cinq ou même sept lobes plus ou moins profonds, pointus et finement dentés ; graines le plus souvent entaillée au sommet ; bec allongé, raphé indistinct halaze large, placée haut sur la graine. Dans quelques variétés, les feuilles et les petites branches ont des poils et même un duvet quand elles sont jeunes ; les graines varient sensiblement en épaisseur et en longueur, moins pour la forme du raphé.

On verra que les quatre premières espèces sont plus ou moins glabres, les quatre suivantes plus ou moins laineuses ou cotonneuses; la neuvième est, de nouveau, glabre. Les six premières ont des grains plus petits, les autres les ont plus gros. Les vignes américaines d'un emploi pratique sont principalement les nos 3, 6, 8 et 9, distinguées dans la liste ci-dessus par des lettres majuscules.

Les descriptions suivantes de ces espèces, arrangées d'après leur ordre d'importance pour notre viticulture, sont tirées de la publication du Dr Engelmann, dans le sixième Rapport entomologique de C.-V. Riley, revu par lui-même pour notre Manuel. Les remarques viticulturales, avec une liste de variétés de chaque espèce, sont empruntées à d'autres sources, principalement au *Rapport agricole des États-Unis pour* 1869 de W. Saunders, et à nos propres observations.

VITIS ÆSTIVALIS, Michaux.—Grimpe sur les buissons et les petits arbres à l'aide de vrilles fourchues et intermittentes. Feuilles grandes (4 à 5 ou 6 pouces de large), à tissu ferme, entières ou souvent plus ou moins profondément et obtusément lobées à 4-5 lobes, à sinus arrondi et à dents courtes et larges ; dans le jeune âge, toujours très-laineuses et cotonneuses, le plus souvent rouge clair ou rouillées ; plus tard, lisses, mais ternes, et jamais luisantes comme dans le *Riparia*. Grains ordinairement plus gros que dans cette espèce, recouverts d'une fleur distincte, et, quand ils sont bien venus, en grappes compactes ; graines ordinairement 2—3, arrondies au sommet, avec raphé très-saillant fig. 1 à 3).

Cette vigne est le *Summer grape*, bien connu et commun dans tous les États du Centre et du Sud, qu'on rencontre habituellement sur les plateaux et dans les bois clairs ou dans les fourrés, mûrissant son fruit en septembre. C'est la plus variable de nos vignes, circonstance qui a entraîné des observateurs superficiels à créer de nombreuses espèces. Une forme à grandes feuilles, qui conservent leur duvet rouilleux jusqu'à la pleine maturité, a souvent été prise à tort pour le *Labrusca,* qui ne pousse pas dans la vallée du Mississipi. Une autre forme, plus buissonneuse que grimpante, à feuilles profondément lobées, recouvertes d'un duvet rouilleux et à fruit doux, est la *Vitis Lincecumii,* des sols sablonneux de la Louisiane et du Texas, appelée souvent *Post oak grape.* La *Vitis monticola,* la vigne montagnarde du Texas, est une forme à petites feuilles entières, dont le duvet, dans un âge avancé, se rassemble en petites touffes, et à gros grains acides. Quand cette espèce se trouve dans des bois ombragés, elle prend une forme particulière, se rapprochant de la *V. cordifolia* par ses petits grains noirs sans fleur, à goût plus acide et en grappes plus grosses. J'ai distingué sous le nom de *Cinerea* une autre forme à feuilles d'un blanc cendré, duveteuses, à peine lobées, et à fruit semblable au dernier mentionné ; cette forme pousse dans nos bas-fonds, grimpant souvent sur les grands arbres, ou existant sur les buissons au bord des lacs. Il n'est pas toujours facile de distinguer ces formes des autres espèces, et peut-être moins encore de les réunir sous une espèce unique, l'*Æstivalis,* à moins de regarder de très-près aux caractères esssentiels que je viens d'énumérer et de tenir compte des innombrables transitions graduelles qui vont d'une forme à une autre.

REMARQUES CULTURALES

Vitis æstivalis. — C'est l'espèce par excellence pour la production du vin dans les États de l'Atlantique et la vallée inférieure du Mississipi. En raison de ce fait, qu'aucune de ses variétés, excepté l'Elsinburgh et l'Eumelan, ne mûrit au nord du 40e parallèle, à moins d'une situation particulièrement favorable, [1]

---

[1] Leur vrai climat est au sud de l'isotherme de 70° Farenheit (21°,11 centigrades) en juin,

leur plantation n'a pas reçu un grand développement, et leurs qualités supérieures ne sont que peu connues. Les grains sont dépourvus de pulpe, et leur jus contient une plus forte proportion de sucre qu'aucune autre espèce américaine perfectionnée. Le feuillage n'est pas aussi sujet aux maladies que celui du Fox grape, et la carie noire (*rot*) des grains est relativement inconnue. Quelques-uns de nos meilleurs vins du pays sont le produit de variétés de cette famille, quoique les espèces les plus méritantes n'aient, à proprement parler, pas été essayées au point de vue de leurs qualités pour la production du vin. Je suis convaincu qu'on ne peut décider ni de l'aptitude du pays à produire du vin, ni de l'excellence la plus complète du produit, tant qu'on n'a pas établi des vignobles de ces variétés dans les meilleures localités des régions qui leur sont favorables (W. Saunders).

La patrie la plus naturelle de cette espèce est le pays des Ozark Hills, le Missouri, le Kansas méridional, l'Arkansas et le territoire indien; probablement aussi le sud-ouest de l'Illinois et les pentes montueuses de la Virginie, de la Caroline du Nord et du Tennessee. On doit regarder ces contrées comme les grandes régions productrices de ce continent, à l'est des Montagnes Rocheuses, pour une certaine classe de vins fins. Dans le Texas occidental également, les variétés de cette-classe paraissent « réussir mieux qu'aucune autre classe. » — G. Onderdonk, Victoria, Texas, *Manuel des arbres à fruit*.

On cultive maintenant les variétés suivantes de cette très-estimable espèce (nous omettons les synonymes et les variétés écartées ou nouvelles qui n'ont pas encore été essayées) :

ALVEY (peut-être une hybride de la *V. vinifera*; voyez plus loin à l'énumération

juillet, août et septembre. Elles ont besoin d'un temps plus long pour arriver à maturité. Les variétés plus délicates peuvent être, à vrai dire, placées entre les lignes isothermiques 70° et 75° (21° 11 à 23° 89 centigrades). Les lignes isothermiques indiquent les localités de température moyenne égale, et ont été tracées sur les cartes d'après des observation attentives, montrant les diverses oscillations de climat, les limites dans lesquelles certaines plantes importantes prospèrent: système beaucoup plus exact que celui des zones et des degrés géographiques, qui a été longtemps en vogue, mais qui, en réalité, n'a pas sa place dans la nature.

alphabétique des variétés).

CUNNINGHAM,	LENOIR,
CYNTHIANA,	LOUISIANA,
DEVEREUX,	NORTON 's VIRGINIA,
ELSINBURGH,	NEOSHO,
EUMELAN,	OHIO (JACQUEZ),
HERBEMONT,	PAULINE,
HERMANN,	RULANDER.

(Plusieurs nouvelles variétés de cette espèce, quelques semis dus au hasard, ramassés dans les forêts de l'Arkansas, d'autres obtenus de variétés cultivées, sont maintenant soumis à des expériences. Parmi les derniers, deux semis de Norton 's Virginia et un d'Hermann donnant des raisins blancs.)

La qualité de ces variétés est si bonne, qu'elle semble satisfaire même le goût français. Leur dimension seule n'est pas satisfaisante. « Dans ce groupe se trouvent les raisins dont le goût se rapproche le plus des nôtres, et qui donnent des vins colorés, corsés, à bouquet souvent délicat, et en tout cas non foxé. » (J.-E. Planchon, *les Vignes américaines*).

M. Herman Jæger, de Neosho (sud-ouest du Missouri), nous écrit : « Dans le sud-ouest du Missouri, le Sud de l'Illinois, l'Arkansas, l'ouest du Texas (de même dans le Tennessee et l'Alabama), les *Labrusca* ou *Fox grapes* portent deux récoltes saines de bons raisins et parmi les variétés les plus vigoureuses, avec une culture convenable et des temps favorables, quelques-unes de plus ; puis elles sont atteintes par le *rot* à un tel point, qu'elles deviennent entièrement sans valeur. L'*Æstivalis* n'a jamais la carie noire (*rot*) et est pour ces États la seule vigne sur laquelle ils puissent vraiment compter. On croyait qu'il n'existait pas d'*Æstivalis* à gros grains, mais c'est une erreur. On en trouve dans l'Arkansas à l'état sauvage, qui ont les grains presque aussi gros que le Concord, et j'ai la confiance que de leur graine on pourrait obtenir des vignes supérieures pour raisins de table. Les grandes *V. æstivalis* sauvages à gros grains ne sont ni aussi juteuses, ni aussi parfumées que les petites ; mais, en les croisant une avec l'autre, nous pourrions obtenir de *gros* raisins pour le Sud-Ouest, aussi juteux que l'Herbemont, aussi sains, aussi vigoureux et aussi productifs que le Norton's Virginia, aussi exempts de la carie noire et du *mildew* qu'aucun *Labrusca* puisse jamais l'être chez nous. »

Les variétés de ce groupe préfèrent généralement un sol sec, pauvre, mélangé de calcaire et de pierres décomposées, à une exposition sud et sud-est ; elles paraissent supporter les plus fortes sécheresses sans se flétrir. Quoique nous en ayons vu quelques-unes, notamment le Norton et le Cynthiana, donner d'immenses récoltes dans le *loam* profond, riche et sablonneux, de notre plaine, leur fruit n'y atteint pas la même perfection que sur les coteaux. Le bois des véritables *Æstivalis* est très-solide, dur, avec peu de moelle et une écorce fortement adhérente ; en sorte qu'il est presque impossible de propager cette espèce de bouture[1]. L'écorce sur le bois d'un an est d'un gris foncé, bleuâtre autour des yeux. Les racines sont dures (*wiry*) et tenaces (*tough*), avec un liber uni, dur ; elles pénètrent profondément dans le sol et défient parfaitement les attaques du phylloxera. Leur pouvoir de résistance a été pleinement éprouvé et mis hors de contestation dans plusieurs vignobles de l'Hérault environnés de vignes mourantes. Comme porte-greffes, elles sont à tous égards supérieures au Clinton, mais nous les considérons comme trop bonnes et trop estimables pour servir simplement de porte-greffes.

Vitis labrusca, Linné. — Plante ordinairement pas grande ; tiges à écorce lâche, fendillée ; grimpe sur les buissons ou les petits arbres, quoique occasionnellement elle atteigne le sommet des plus grands arbres. Vrilles continues, branchues. Feuilles de 4 à 6 pouces (10 à 15 centimètres) de large, grandes et épaisses, entières ou quelquefois profondément lobées, très-légèrement dentées, revêtues dans leur jeune âge d'une laine ou d'un duvet épais, rouilleux ou quelquefois blanchâtre, qui, dans les plantes sauvages, persiste sur le dessous, mais disparaît presque de la feuille adulte de quelques variétés culti-

vées. Grains gros ou de grosseur moyenne chez quelques variétés cultivées, réunis en assez grandes grappes et contenant deux ou trois, ou parfois quatre graines (fig. 11 et 12).

Cette plante, habituellement connue sous le nom de Fox grape ou Northern Fox grape, est originaire du versant oriental du continent, depuis la Nouvelle-Angleterre jusqu'à la Caroline du Sud, où elle préfère les fourrés humides. Elle s'étend dans les monts Alleghanys, et même çà et là sur leur versant occidental, mais elle est étrangère à la vallée du Mississipi. Le plus grand nombre des variétés de vigne cultivées dans notre pays provient surtout de cette espèce, quelques-unes obtenues par des pépiniéristes, mais la plupart recueillies dans les bois. On les reconnaît aisément aux caractères indiqués ci-dessus, et plus encore à l'arrangement particulier des vrilles, tel que je l'ai décrit. Dans l'Ouest et le Sud-Ouest, on confond souvent avec le *Labrusca* des variétés d'*Æstivalis* à feuilles grandes et duveteuses, mais on peut toujours les distinguer par les caractères indiqués.

REMARQUES CULTURALES

« Pour la table, cette espèce, dans ses variétés améliorées, occupera probablement toujours une position éminente dans une grande partie des États de l'Est et du Nord, aussi bien que dans les régions septentrionales des États de l'Ouest ; et, dans celles d'entre ces régions où le climat ne favorise pas la maturité des meilleures variétés de cette classe, les espèces inférieures pourront au moins représenter le groupe.

Comme vigne à vin, la *V. labrusca* a été surfaite. La pulpe coriace, musquée, des meilleures variétés elles-mêmes, exige une longue et favorable saison de végétation pour perdre de son acidité jusqu'au centre du grain, de manière à réunir en proportions convenables les éléments nécessaires à une qualité de vin passable.

Adoptant pleinement ces vues, qui sont celles de William Saunders, directeur du Jar-

---

[1] Les expériences faites dans le midi de la France ont heureusement démenti ce que cette assertion a de trop absolu. Voir à cet égard un récent rapport fait à la Soc. d'agric. de l'Hérault, au nom d'une commission spéciale, par MM. L. Vialla et Planchon (Novembre 1875.— J.-E. Planchon.

din d'essais de Washington, nous ne désirons pas qu'on suppose que nous conseillons de cesser de planter et d'employer les vignes de *Labrusca* pour la production du vin. Nous savons parfaitement que le Catawba et le Concord fournissent la masse de nos vins les plus répandus. Mais, pour des vins de meilleure qualité, nous recommandons l'*Æstivalis*, là où ses variétés réussissent, comme bien supérieur au *Labrusca*. Au surplus, nous reconnaissons dans cette espèce une forme du Nord et une forme du Sud (de même que dans le *Riparia* et l'*Æstivalis*), avec des caractères distincts.

Le *Labrusca* du Nord (*Northern Labrusca*), plante d'une grande vigueur, rusticité et fertilité; racines abondantes, fortes, ramifiées et fibreuses; moelle épaisse et liber ferme; fruit d'une grosseur supérieure, mais en même temps d'un parfum ou d'un bouquet désagréable par sa rudesse et son goût foxé. Le *Labrusca* du Sud (*Southern Labrusca*), plante bien plus délicate, très-sensible aux éventualités des variations atmosphériques, à racines peu nombreuses et faibles, de texture modérément ferme; mais aussi à fruit plus délicat, d'un agréable bouquet musqué. La première ne réussit pas bien dans le Sud, la seconde est sujette aux maladies cryptogamiques et autres, et ne mûrit pas bien dans le Nord. L'une et l'autre sont sujettes à la carie noire et continuent à ne pas réussir dans le Sud-Ouest, où les deux types de *Labrusca* semblent n'être pas chez eux[1].

Les principales variétés de cette espèce, ainsi classées, sont:

(*a*) Groupe Nord:	(*b*) Groupe Sud:
BLACK HAWK,	ADIRONDAC,
CONCORD,	CASSADY,
COTTAGE,	CATAWBA,
DRACUT AMBER.	DIANA,
HARTFORD PROLIFIC.	IONA,
IVES,	ISABELLA,

[1] G. Onderdonk nous écrit: « Après tout, nos vignes dans le Texas doivent être prises dans la famille des *Æstivalis*. *Aucun* Labrusca ne nous a donné ici une satisfaction suffisante et permanente.
La même opinion gagne du terrain dans l'Arkansas et le sud-ouest du Missouri, après de longs essais et une expérience chèrement achetée.

(*a*) Groupe Nord:	(*b*) Groupe Sud:
LADY,	LYDIA,
MARTHA,	MAXATAWNEY,
NORTHERN MUSCADINE,	MOTTLED,
PERKINS,	REBECCA,
RENTZ,	TO-KALON,
TELEGRAPH,	UNION VILLAGE.
VENANGO.	

La subdivision des *Labrusca* en forme du Nord et forme du Sud est une idée nouvelle et à nous; elle peut être une erreur. Nous la mettons en avant ici pour la première fois, non comme un fait établi, mais comme une hypothèse digne de considération et de nouvelles recherches. Pour quelques variétés peu nombreuses (Creveling, North Carolina, etc.), nous trouvons jusqu'à présent difficile de déterminer à quel groupe il faudrait les rattacher; mais cette difficulté existe aussi, pour quelques-unes, eu égard à l'espèce prise en bloc.

Les variétés énumérées sous la lettre A, et que nous considérons comme appartenant au groupe Nord du *Labrusca*, peuvent être tenues pour suffisamment résistantes au phylloxera; elles nous paraissent mériter la préférence comme porte-greffes. Celles sous la lettre B, groupe Sud, quoique présentant dans notre pays une force de résistance plus grande que la *Vinifera*, souffrent de l'insecte. —Planchon et Riley ont observé que les racines du *Labrusca* ont un goût douceâtre, sans avoir le caractère d'acidité ou d'astringence appartenant aux racines des autres espèces, spécialement du *Rotundifolia*.

VITIS CORDIFOLIA Michaux.—Elancée (ou plus rarement basse), grimpant haut à l'aide de vrilles intermittentes branchues; troncs souvent de 6 à 9 pouces de diamètre, à écorce lâche et fendillée. Feuilles de moyenne grandeur ou petites (2 pouces et demi à 3 à 4 pouces de diamètre), *arrondies en forme de cœur*, le plus souvent entières ou très-légèrement trilobées sur les bords, avec de larges dents minces, habituellement lisses et luisantes, en dessus plutôt qu'en dessous; les jeunes quelquefois, et les vieilles très-rarement, avec des poils courts sur les nervures en dessous;

panicules composées, grosses et lâches; grains parmi les plus petits, en grappes grosses et le plus souvent lâches, noirs, sans fleur et sans pulpe coriace, mûrissant tard en automne, ordinairement avec une seule graine courte et épaisse, marquée par un raphé plus ou moins saillant

Elle pousse plus spécialement dans les sols fertiles. C'est une plante commune dans les fonds, près des rivières et des criques. Elle est bien connue sous les noms de *Winter grape, Frost grape* ou *Chicken grape*, et est, avec la suivante, l'espèce qui fleurit le plus tôt. Les fleurs, principalement les fleurs stériles (mâles), sont particulièrement odorantes. On la trouve de la Nouvelle-Angleterre au Texas, et vers l'Ouest jusqu'aux limites occidentales de la partie boisée de la vallée du Missisipi. Dans cette vallée, du moins, le fruit a un goût fortement et même désagréablement (*fetidly*) aromatique, qui le rend impropre à faire des confitures ou du vin. On n'en connaît aucune variété cultivée.

————

VITIS RIPARIA, Michaux. Semblable à la dernière, mais ordinairement plus petite de taille, avec des feuilles plus grandes (3 à 5 pouces, 0^m,075 à 0^{m}126, de diamètre) et plus ou moins profondément lobées à 3 lobes, glabres, luisantes (ou rarement, dans le jeune âge, légèrement velues), les lobes longs et pointus, les dents aussi plus pointues que dans le *Cordifolia*; panicules assez petites et compactes; grains ordinairement plus gros que dans la précédente, le plus souvent avec fleur, en grappes plus petites et souvent plus compactes, sans pulpe, communément avec une ou deux graines; graines obtuses ou quelquefois très-légèrement déprimées, avec le raphé souvent presque oblitéré.

Cette espèce préfère les fourrés ou les sols rocailleux aux bords des rivières; elle s'étend aussi loin dans le Sud que la précédente, et beaucoup plus loin dans le Nord et l'Ouest: elle est, en effet, la seule vigne

du bas Canada, où on la trouve à 60 milles au nord de Québec, et elle est aussi la seule sur le versant oriental des Montagnes Rocheuses. La forme septentrionale, au Canada, dans le nord de l'Etat de New-York jusqu'au Michigan et au Nebraska, a des grains moins nombreux à la grappe et plus gros; on la distingue aisément de la *V. cordifolia*. La forme du Sud-Ouest, cependant, plante plus élancée, à grains noirs plus petits, se rapproche beaucoup plus de cette dernière espèce et souvent semble s'en rapprocher tellement que, dans son Manuel, le professeur Gray les a réunies toutes les deux sous le nom de *V. cordifolia*, Michx [1]. Le fruit mûrit plus tôt que celui du *Cordifolia* et est beaucoup plus agréable. A St-Louis, une variété trouvée sur les bords rocailleux des rivières donne des fruits mûrs en juillet.

REMARQUES CULTURALES

La *V. cordifolia* et la *V. riparia* sont souvent considérées toutes deux comme des types d'une seule espèce (Gray, Durand, Planchon), et les viticulteurs désignent habituellement la variété cultivée de cette espèce sous le nom de *Cordifolia*. Le docteur Engelmann lui-même a constaté « que les deux espèces sont si intimement liées, que c'est une question de jugement individuel que de savoir s'il faut les séparer ou les réunir. » Nous préférons, d'après cela, nous en tenir à cette désignation. Le Clinton, sa variété la plus remarquable, a certainement dans le feuillage plus du vrai *Cordifolia* que du *Riparia*, mais son fruit, quoique mûrissant tard en automne, l'assimile davantage au dernier.

Cette section renferme les vignes les plus robustes des États du Nord; elles sont toutefois aussi robustes et même plus productives dans le Sud. On trouve le long de la ligne des Alleghanys, depuis le sud de l'État de New-

[1] J'avoue aussi que, malgré toute ma déférence pour les connaissances du Dr Engelmann, je n'ai pu saisir la diversité spécifique tranchée entre les formes appelées *cordifolia* et *riparia*, forme desquelles j'ai rapproché aussi le *Vitis Solonis* du Jardin botanique de Berlin. — J.-E. PLANCHON.

York jusqu'à l'Alabama, une forme distincte, à laquelle appartiennent le Taylor et l'Oporto. Ces variétés possèdent des étamines plus ou moins déformées; mais quelques individus de ce groupe jouissant d'excellentes qualités, qui, convenablement développées et neutralisant les défauts du type, donneraient les meilleures vignes à vin du pays (Fuller). Cette prédiction semble s'être accomplie dans l'*Elvira*.

Le feuillage est rarement attaqué par le *mildew;* mais les feuilles, peut-être parce qu'elles sont lisses, sont quelquefois atteintes par des piqûres d'insectes. Le phylloxera préfère le feuillage de cette classe de vignes à toutes les autres, au point que, dans certaines saisons, leurs feuilles sont couvertes de galles faites par ce redoutable insecte. Le fruit n'est pas sujet à la carie noire, et l'on sait qu'il se conserve bien après avoir été cueilli. Celui de la forme Nord mûrit tard et semble atteindre ses meilleures conditions en restant sur la souche, jusqu'à ce que le thermomètre indique l'approche de la gelée, et dans ce cas, même dans les localités du Nord, il se montre comme un fruit de bonne qualité, soit pour la table, soit pour la cuve. Naturellement la qualité en est grandement améliorée par la longueur et l'excellence de la saison de la végétation. Par exemple, ceux qui ne le connaissent que comme un produit du Massachusetts ne reconnaîtraient ni son bouquet, ni son caractère vineux, quand il a mûri dans le sud du Maryland ou en Virginie. La plus grande objection à lui faire pour la cuve, c'est d'être trop acide. Il n'est pas aussi pauvre en sucre qu'on le croit généralement; il en possède assez pour un bon vin. Il n'a pas non plus du tout le goût foxé ou musqué, n'en déplaise au jugement de nos amis de France. Le bouquet particulier de quelques variétés peut leur déplaire; les goûts diffèrent. Nous-mêmes, nous ne sommes pas grands admirateurs du goût du Clinton; mais il n'a certainement aucune ressemblance avec ce que nous appelons foxé (*foxiness*) et qui caractérise les *Labrusca*. Le bouquet du Taylor et de ses dérivés nous parait exceptionnellement bon. Le Marion et d'autres variétés de cette classe peuvent être aussi préférables au Clinton sous ce rapport. L'analyse démontre qu'ils ont suffisamment de sucre, et il parait probable que leurs vins

ne demandent que de l'âge pour développer leurs qualités.

On sait que les vins des variétés de Clinton acquièrent un excellent caractère quand on les garde de 4 à 6 ans dans une cave convenable. Il y a tout lieu de croire que, si l'on avait consacré à l'amélioration de cette espèce autant de temps et de soins qu'à celle de la famille des Fox grapes, nous serions maintenant en possession d'un bon raisin à vin rouge pour le Nord.

Le mode de conduite et de culture a aussi une influence décidée sur la fertilité de cette espèce. Les rameaux poussent avec une grande vigueur au commencement de l'été; ils forment quelquefois sur de jeunes plantes en bon sol des sarments de quatorze à vingt pieds de long. Sur ces sarments, les bourgeons les mieux développés se trouvent à une certaine distance de la base ou du point de départ d'avec la tige; par conséquent, si l'on taille court en automne ou en hiver, on enlève les meilleurs bourgeons à fruit et l'on n'obtient plus qu'une luxuriante végétation en bois, avec une récolte minimum en fruit. Il convient de planter les variétés de ce groupe dans un sol plutôt pauvre, profondément et bien cultivé, à cause de leur disposition naturelle à ramper, et parce que dans un sol riche on ne peut presque pas en être maître.

Le bois des variétés cultivées est mou, contenant une moelle épaisse; aussi prennent-elles facilement de boutures. Les racines sont dures et coriaces, avec un liber mince, dur. Elles poussent rapidement: de là leur grande puissance de résistance au phylloxera, que l'on trouve ordinairement en petit nombre sur les racines, même quand le feuillage est fortement couvert de ses galles. Les racines ont tant de vitalité que, des nodosités, elles émettent de nouvelles radicelles plus vite que le phylloxera ne peut les détruire.

Les variétés de cette espèce, spécialement le Clinton, sont, par suite, employées sur une large échelle comme porte-greffes dans les vignobles de France atteints du phylloxera. Nous croyons qu'on peut leur trouver quelques inconvénients pour cet objet, en ce qu'elles ne paraissent pas se souder aussi facilement que d'autres à la greffe[1], et sont plus

[1] On n'a pas en général remarqué ce défaut

sujettes à pousser des jets, de bourgeons imperceptibles, près des racines.

VITIS VULPINA, Linné. Basse ou souvent grimpant très-haut, feuilles petites (2 ou au plus 3 pouces, 5 à 7 centim., de large), arrondies, cordiformes, fermes et d'un vert foncé lustré, lisses, ou rarement un peu velues en dessous, avec des dents grossières et grandes, ou larges et un peu émoussées.

L'espèce du Sud, connue sous les noms de Fox grape du Sud (*Southern Fox grape*), Bullace ou Bullet grape, ou Muscadine, se trouve le long des cours d'eau et dans les bois humides des Etats du Sud, sans remonter plus au nord que le Maryland, le Kentucky et l'Arkansas, quoiqu'il soit possible qu'elle s'égare jusque dans le sud est du Missouri. Quelques-unes de ses variétés cultivées, surtout le Scuppernong blanc, sont très-estimées dans le Sud.

REMARQUES CULTURALES

Les viticulteurs du Sud désignent généralement cette espèce sous le nom de *Vitis rotundifolia*, Michaux. Elle est strictement confinée aux États du Sud, et diffère beaucoup par le feuillage et par le bois de toute autre vigne, soit indigène, soit exotique, se distinguant elle-même par ses feuilles petites, à peu près rondes, luisantes, jamais lobées et vertes des deux côtés; par son écorce claire, unie, jamais écailleuse ni fendillée; par son fruit, qui ne forme pas de grappes, mais pousse en grains gros, pulpeux et à peau épaisse, seulement au nombre de 2, 4, 6, sur une rafle; par ses vrilles, qui ne sont jamais fourchues, comme celles d'autres vignes. On ne peut pas obtenir de boutures des variétés de ce type. La taille ne leur fait pas de bien ; au contraire, il faut les laisser pousser libres, sans les tailler, si ce n'est pour enlever les pousses et les rejetons du sol, jusqu'au support que l'on peut établir pour les soutenir. Sans soins ni travail, sauf une bonne culture du sol, elles produisent chaque année de bonnes et sûres récoltes, étant entièrement à l'abri du *rot*, du *mildew*

dans les greffes faites à Montpellier avec ce cépage.—J.-E. PLANCHON.

et, semble-t-il aussi, des attaques des insectes. La *Vitis rotundifolia* jouit jusqu'à présent d'une parfaite immunité contre le phylloxera (on a bien trouvé quelques galles sur ses feuilles, mais aucune trace de l'insecte sur les racines, qui ont un goût astringent, âcre). Cette immunité en a fait importer en France; mais leur fruit est si pauvre en sucre (quoiqu'il ait de la douceur au goût, ne contenant presque aucun acide), et il possède un bouquet si richement musqué, qu'il ne peut pas satisfaire le goût raffiné des Français. Comme porte-greffe, la dureté de son bois et la structure différente de son écorce rendent la *Vitis rotundifolia* impropre à cet usage. P.-J. Berkmans, d'Augusta (Géorgie), qui fait une spécialité de la propagation de cette espèce, en énumère sept variétés : Scuppernong, Flowers, Thomas, Mish, Tender Pulp, Pedee et Richmond (il existe aussi un semis d'Isabelle du nom de Richmond).

VITIS CANDICANS, Engelmann (*V. mustangensis*, Buckley), le Mustang grape du Texas.—Grimpante, élancée ; feuilles plutôt grandes, arrondies, presque sans dents, blanches, cotonneuses en dessous, donnant de gros grains qui, comme ceux du *Labrusca* sauvage, ont différentes couleurs : verdâtre, noir clair et bleuâtre, et dont on fait du vin dans leur pays. Sur les jeunes pousses et les rejetons, les feuilles sont, d'ordinaire, profondément et élégamment lobées, à plusieurs lobes.

REMARQUES CULTURALES

Cette espèce croît sauvage en grande abondance le long des criques et des rivières du Texas, principalement à l'Ouest et au Centre. Elle ressemble au *Labrusca* par ses feuilles duveteuses et son écorce ; on peut aussi la reproduire par bouture. Nous ne connaissons jusqu'à présent que trois variétés de Mustang trouvées dans les bois : un Mustang noir, un rouge et un blanc.

VITIS RUPESTRIS, Scheele.—Plante petite, buissonneuse, souvent sans aucune vrille, rarement quelque peu grimpante ; feuilles petites (2 à 3 pouces de large) et souvent repliées, le plus souvent plus larges que longues, cordiformes ou tronquées à la base, toujours à peine légèrement lobées, avec des dents larges, grossières et d'ordinaire avec une pointe abruptement allongée, glabres et d'un vert clair et glauque ; grains de dimension moyenne, en très-petites grappes; graines au plus 3 à 4, rondes, avec un bec extrêmement court, obtuses, avec une petite chalaze ; raphé très-délié ou invisible.

Cette vigne, très-particulière, se trouve seulement à l'ouest du Mississipi, depuis la rivière du Missouri jusqu'au Texas, et vers l'Ouest, probablement jusqu'au Nouveau-Mexique. Dans l'État du Missouri, où elle est appelée Sand grape (vigne du Sable), et dans l'Arkansas, elle pousse sur les bords graveleux et les berges inondées des torrents des montagnes ; au Texas également, dans des plaines rocailleuses, d'où son nom latin ; on l'y appelle quelquefois Sugar grape (vigne à Sucre). Son fruit douceâtre mûrit chez nous en août.

Elle n'est, pour le moment, cultivée nulle part ; mais il peut se faire qu'elle ait de la valeur dans l'avenir.

VITIS CALIFORNICA, Bentham. — La seule vigne sauvage de Californie; a des feuilles arrondies, duveteuses, et de petits grains. Elle n'est pas utilisée jusqu'à présent, que nous sachions. Les graines sont obtuses, avec un bec court, une chalaze allongée et un raphé très-délié.

VITIS ARIZONICA, Engelmann. — Semblable à la précédente, mais tomenteuse quand elle est jeune, plus tard glabre; grains de moyenne grandeur; on dit leur goût douceâtre.

HYBRIDES

A côté des variétés qui se rapportent à l'une ou à l'autre de ces espèces, nous cultivons aujourd'hui plusieurs vignes qui proviennent de croisements (cross-breeding) dus, soit à l'intermédiaire du vent ou des insectes, soit aux efforts et à l'habileté de l'homme.

Les premiers, dus à l'hybridation naturelle, sont sans aucun doute très-fréquents ; mais, comme le fait ne peut pas être bien observé, suivi ou reconnu, et que le caractère des jeunes semis ainsi obtenus ne peut pas être bien affirmé, ils passent généralement inaperçus dans le vignoble ou bien sont détruits. Sans pousser plus loin cette discussion, nous établissons, comme notre opinion et notre croyance, que quelques-uns des semis de hasard que nous cultivons sont le produit de semblables croisements naturels. Ainsi, nous croyons reconnaître dans :

l'ALVEY, un hybride entre l'*Æstivalis* et le *Vinifera* ;

le CREVELING, un hybride entre le *Labrusca* et le *Riparia* ;

le DELAWARE, un hybride entre le *Labrusca* et le *Vinifera*, ou le *Labrusca* et le *Riparia* ;

l'ELVIRA, un hybride entre le *Riparia* et le *Labrusca;*

et ainsi de suite pour un petit nombre d'autres (comme nous le mentionnerons en les décrivant), qui possèdent certains caractères distincts de deux espèces différentes.

La seconde classe, celle des hybrides produits par une fécondation artificielle, quoique de date seulement récente, est maintenant très-nombreuse. Quand on reconnut erronée la supposition que des semis d'espèces exotiques seraient plus robustes, élevés sur notre sol et sous notre climat, on fit des efforts pour s'assurer des hybrides entre les espèces indigènes et les *Vitis vinifera*. On espérait ainsi combiner la supériorité de qualité de la vigne exotique avec la santé et la vigueur de nos plants indigènes.

« Il est désirable que, dans une fécondation artificielle, non-seulement les espèces, mais les variétés employées, soient soigneusement notées, et aussi qu'on nomme toujours les parents : l'ancêtre maternel (la variété qui a été fécondée artificiellement) et l'ancêtre paternel (le plant dont le pollen a été employé). » Dr Engelmann.

Les hybrides ainsi obtenus sont :

1° Hybrides de *Labrusca* et *Vinifera* :

ADÉLAIDE.	BLACK DEFIANCE.
AGAWAM.	BLACK EAGLE.
ALLEN'S HYBRID.	CHALLENGE.
AMINIA (R. 39).	CLOVER STR. BLACK.
BARRY.	CLOVER STR. RED.

CONCORD CHASSELAS.   LINDLEY.
CONCORD MUSCAT.   MASSASSOIT.
CONQUEROR.   MERRIMAC.
DIANA HAMBURG.   REQUA.
ESSEX.   ROGERS' HYBRIDS non
GÆRTNER.   dénommés.
GOETHE.   SALEM.
HERBERT.   SENASQUA.
IMPERIAL.   TRIUMPH.
IRVING.   WILDER.

Et plusieurs autres moins connus.

2° Hybrides de *Cordifolia* et *Vinifera* :

ADVANCE.   NEWARK.
AUTUCHON.   OTHELLO.
BRANDT.   QUASSAIC.
CANADA.   SECRETARY.
CORNUCOPIA.

3° Hybrides de *Delaware* et *Vinifera* : CRO-
TON, ITHAKA, WYLIE, DELAWARE HYBRIDS.

Le croisement du *Delaware* avec le *Diana* a
produit l'ONONDAGA et le WALTER, peut-être
aussi le RARITAN. Par le croisement du *Delaware*
avec le *Cordifolia*, M. Rickett a produit le
PUTNAM, et enfin on a fait des croisements
d'hybrides entre eux.

Jusqu'à présent, la plupart des hybrides
ont été obtenus par le croisement du *Labrusca* et du *Vinifera*. Comme le premier a
des tendances au *mildew* des feuilles, à la
pourriture du fruit (*fruit rot*) et des racines
sensibles aux attaques du phylloxera, la créa-
tion d'un hybride vigoureux et résistant par
le croisement du *Labrusca* et de la *Vitis vinifera*, encore plus délicate ici, est très-peu probable, surtout si l'on emploie pour cela quelque variété délicate de serre. Ce n'est que par
la sélection des variétés les plus robustes et
les plus vigoureuses d'une espèce indigène
et d'une espèce exotique, ou, peut-être mieux
encore, par le croisement de nos espèces indigènes les meilleures et les plus vigoureuses,
qu'on peut espérer obtenir des résultats réellement convenables.

La plupart des hybrides que nous cultivons
aujourd'hui sont d'introduction trop récente
pour être considérés comme complétement
éprouvés. Toutefois il semble déjà que leur
aptitude à réussir dans la culture soit en proportion de leur affinité avec leur ancêtre indigène, surtout quant aux racines et au feuillage. On trouvera que les conditions requises
par les vignes hybrides, sous le rapport du
climat, du sol et de l'exposition, sont tout-
à-fait semblables à celles que demande l'un
ou l'autre de leurs ascendants.

EMPLACEMENT

Les seules règles *générales* que nous
puissions donner pour nous guider dans le
choix d'un emplacement convenable, désirable pour un vignoble, sont les suivantes:

1° Une bonne région pour la vigne est
une région où la saison de la végétation
est d'une longueur suffisante pour mûrir parfaitement nos meilleures vignes,
exempte de gelées tardives du printemps,
de rosées abondantes en été et de gelées
précoces en automne.

N'essayez pas, par conséquent, de cultiver la vigne dans des vallées basses, humides, le long des criques. Des emplacements
bas, où l'eau peut s'établir et rester stagnante autour des racines, ne conviennent
pas. Partout où nous trouvons la fièvre
comme un hôte habituel du pays, nous cher-
cherons vainement des vignes robustes.
Mais sur le flanc des coteaux, sur des pentes doucement inclinées, le long des rivières et des lacs, sur les hauteurs dominant
les bords des grands fleuves, où les brouil-
lards sortant des eaux donnent à l'atmosphère une humidité suffisante, même
pendant les jours les plus chauds de l'été,
pour rafraîchir la feuille pendant la nuit
et le matin : voilà la place de la vigne.

2° Un bon sol pour la vigne est un argile sec, calcareux, suffisamment profond (trois pieds environ, 91 centimètres),
souple et friable, se drainant lui-même
aisément. Les sols nouveaux, les sols gra-
nitiques, comme les sols calcaires, compo-
sés par la nature de pierres désagrégées et
de terreau de feuilles, sont préférables à
ceux qui sont depuis longtemps en culture. Si vous avez un tel emplacement et
un tel sol, ne cherchez pas davantage, ne
recourez à aucun chimiste pour en faire
analyser les éléments, et mettez-vous de
suite à l'œuvre.

L'ancien système de défoncement (*tren-ching*) n'est plus en usage, excepté dans un sol très-dur, pierreux, et sur des coteaux raides ; il est trop coûteux et trop peu avantageux, si tant est même qu'il le soit. La charrue a remplacé la bêche (*the spade*) et a diminué sensiblement la dépense. Si nous insistons pour un travail complet dans la préparation du sol avant la plantation, et si nous mettons en garde contre le système de plantation en fossés ou, ce qui est pis encore, en trous carrés, nous croyons que, par un défrichement (*grubbing*) (dans les pays de forêts) ne laissant aucun tronc, ce qui ne serait qu'un ennui et un obstacle continuels pour une bonne culture, puis par l'emploi d'une forte charrue défonceuse, suivie d'une fouilleuse (*subsoil plow*), on remuera le sol aussi profondément (soit à 20 pouces) qu'il est réellement nécessaire pour assurer à la vigne une végétation robuste et vigoureuse. Cela demandera deux ou trois paires de bœufs à chaque charrue, suivant les conditions du sol. Pour un ancien sol, une charrue ordinaire à deux chevaux, avec un attelage de forts chevaux ou de bœufs, suivie dans le même sillon par une fouilleuse, sera suffisante pour remuer le sol profondément et complétement, et le laissera aussi ameubli et dans un état aussi naturel qu'on peut le désirer.

Ce travail peut être fait en toute saison, quand le sol est libre et pas trop humide. La plupart des terrains gagneraient à être drainés. La manière de le faire est la même que pour les autres cultures agricoles, avec cette différence que, pour la vigne, les drains doivent être placés plus profondément. C'est moins important sur des coteaux et trop coûteux pour être pratiqué sur une grande échelle. Les endroits humides, néanmoins, doivent être drainés au moins au moyen de fossés ; et, pour empêcher le sol de s'imprégner d'eau, il faut faire de petits fossés conduisant à un fossé principal. Les coteaux trop raides, si on veut les utiliser, doivent être disposés en terrasses.

Le sol étant ainsi complétement préparé et dans de bonnes conditions de friabilité, vous êtes prêt pour la plantation. La bonne saison pour la pratiquer est, en automne, après le 1er novembre ; ou, au printemps, avant le 1er mai. On plante beaucoup de vignes au printemps, et dans des localités au Nord, très-froides, cela peut être préférable. Pour nous, nous préférons la plantation de l'automne. Le sol est généralement en meilleure condition, parce que nous avons en automne une plus belle température et plus de temps à consacrer à ces travaux. Pendant l'hiver, la terre peut s'établir autour des racines. Celles-ci se seront remises et cicatrisées ; de nouvelles radicelles se seront formées de bonne heure, avant que l'état du sol eût permis de planter, et les jeunes plantes, commençant à pousser dès que la gelée aura abandonné le sol, partiront avec une grande vigueur au printemps. Pour empêcher les racines d'être poussées à la surface par des alternatives de gel et de dégel, une butte de terre faite avec la bêche autour de la plante ou un sillon tracé avec la charrue, de manière à élever quelque peu le sol dans les rangées, suffira pour donner l'abri nécessaire. En aucune façon, ne différez la plantation jusqu'à une époque tardive du printemps (après le 1er mai ici), et, si votre sol n'est pas prêt au temps voulu, vous ferez mieux de le cultiver en grain ou autres récoltes du même genre et de renvoyer la plantation à l'automne suivant. La plantation en lignes, à six pieds d'écartement, est maintenant la méthode habituelle. Elle laisse un espace suffisant à l'homme et au cheval pour passer avec une charrue ou tout autre instrument. L'écartement des lignes doit varier un peu suivant la végétation des différentes variétés et la richesse du sol. Plusieurs de nos vignes à forte végétation, le Concord l'Ives, l'Hartford, le Clinton, le Taylor, le Norton, l'Herbemont, ont besoin de 8 à 10 pieds (2^m,43^c à 3^m, 04); les Scuppernongs sont plantés de 20 à 30 pieds (6^m,08^c à 9^m, 12^c) ; tandis que le Delaware, le Catawba, le Creveling, l'Iona, peuvent avoir assez d'espace plantés à 6 pieds (1^m,82^c) d'écartement. Le traitement à bois court (*dwarfing treatment*), pratiqué sur les variétés d'Europe, surtout par les vignerons allemands, ne vaut rien pour nos vignes, qui ont besoin de beaucoup de place pour s'étendre et d'une libre circulation de l'air. Le nombre de pieds nécessaire pour garnir un acre, contenant 43,560 pieds carrés (4041 mètres carrés), est :

Distance en pieds	Mètres	Nombre
2 p. sur 5 p.	1^{m}54 sur 1^{m}54	1.742
5 — 6	1.54 — 1.85	1.452
6 — 6	1.85 — 1.85	1.210
6 — 7	1.85 — 2.15	1.037
6 — 8	1.85 — 2.46	907
6 — 9	1.85 — 2.75	807
6 — 10	1.85 — 3	725
7 — 7	2.15 — 2.15	889
7 — 8	2.15 — 2.46	777
7 — 9	2.15 — 2.75	690
7 — 10	2.15 — 3	622
8 — 8	2.46 — 2.46	605
8 — 9	2.46 — 2.75	680
8 — 10	2.46 — 3	544
9 — 9	2.75 — 2.75	537
9 — 10	2.75 — 3	484
10 — 10	3 — 3	435

1 acre = 41 ares français, d'où un hectare est à peu près égal à deux acres- et demi.

Après avoir déterminé la distance à laquelle vous voulez planter, tracez les rangées, en leur donnant des directions parallèles et le plus possible de niveau par rapport à la pente du coteau, de manière à pouvoir charruer facilement entre les rangées et à permettre au sol de se *ressuyer*. Pour cela, il convient, sur une pente tournée à l'est, de donner aux rangées la direction nord-sud, qui est préférée par la plupart des viticulteurs. Ayez soin, sur un terrain en pente, de laisser de l'espace pour des surfaces drainées (*for surface drains*); plus la pente est raide, plus ces surfaces doivent être fréquentes. Divisez ensuite les rangées suivant les distances voulues, à l'aide d'un cordeau, et placez de petits piquets aux points où vous aurez à planter. Si le sol est suffisamment sec pour se réduire facilement en poussière, faites les trous pour recevoir les vignes, comme l'indique la *fig.* 19. La profondeur de ces trous variera nécessairement un peu avec la nature du sol. Sur des coteaux très-raides, et spécialement sur des pentes tournées au midi, à sol naturellement chaud et sec, il faut planter plus profondément que sur des pentes douces, à sol riche, profond, ou dans des bas-fonds et de riches prairies. Dans ces derniers terrains, huit pouces (202 millimètres) suffiront; dans les premiers, il faut planter à douze ou quatorze pouces (303 à 354 millimètres) de profondeur.

Les trous faits (et il vaut mieux n'en pas faire trop à la fois, de peur que le sol ne sèche trop vite), vous pouvez vous mettre à planter.

Nous n'avons pas l'intention de discuter ici les divers modes de multiplication ou de propagation de la vigne par boutures,

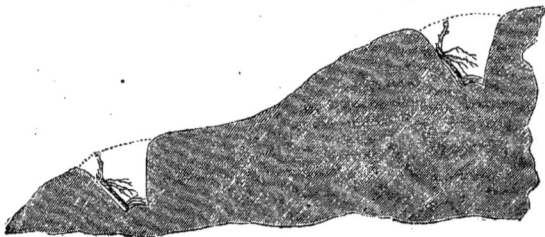

Fig. 19

marcottes ou simples yeux (bourgeons);
nous avons encore moins l'intention de
discuter la production de nouvelles variétés par le semis ou l'hybridation. Ce
serait dépasser de beaucoup le but de ce
court Manuel. Nous ne désirons pas non
plus nous prononcer sur la question de savoir s'il faut préférer les plantes provenant de boutures, ou ceux de marcottes,
ou de simples yeux. On ne considérerait
pas des propagateurs et des pépiniéristes
comme des juges impartiaux et désinté-
ressés dans la question, mais nous pouvons
raisonnablement supposer que les lecteurs
de ce catalogue sont, ou nos clients, ou des
personnes désireuses d'acheter des vignes
enracinées de chez nous, et de se procurer
les meilleurs plants. Les vignes obtenues
de marcottes étaient, dans les premiers
temps, considérées comme supérieures, et
sont encore préférées par beaucoup de
gens. Mais des cultivateurs observateurs
et sans préjugés ont trouvé qu'elles *ont
seulement l'air* d'être plus fortes et plus
belles, et qu'elles ne sont pas aussi bonnes que des plants obtenus convenablement de boutures ou de simples yeux d'un
bois sain et mûr. La tendance à multiplier
rapidement les nouvelles variétés a conduit à la production de quantités considérables de vignes par des couchages d'été
ou, ce qui est pis encore, par sarments
verts. Les plantes ainsi obtenues ne produisent, d'ordinaire, que du désappointe-
ment pour celui qui les plante et nuisent
grandement à la réputation de nouvelles
variétés.

Nos viticulteurs allemands ou français
avaient généralement l'habitude de faire
pousser la vigne de sarments longs; mais
des sarments courts (de deux ou trois yeux)
donnent incontestablement des racines
plus fortes et mieux nourries. D'autres, au
contraire, ont obtenu les meilleurs résultats de plantes provenant d'un seul œil et,
par suite, les préfèrent. Nous avons tout
essayé, et nous trouvons que le procédé
par lequel la vigne est obtenue ne fait que

très-peu de différence, pourvu qu'elle ait
des racines fortes, solides, saines et bien
nourries. Nous n'en avons jamais trouvé
qui eussent de telles racines parmi les
sujets obtenus de bois vert ou malsain, ou
de sarments *longs*. Comme règle générale,
une vigne *bien venue* est dans les meilleures
conditions de plantation quand elle a *un an*.
Fuller et d'autres bonnes autorités préfèrent des vignes de deux ans transplantées.
On ne doit pas planter des vignes de plus
de deux ans, et les soi-disant marcottes ex-
tra-fortes, « pour production immédiate »,
ne sont qu'une mystification.

Il existe, toutefois, un procédé de propagation de la vigne: nous voulons parler
de la greffe, qui est plutôt du domaine du
cultivateur, du vigneron, que du pépiniériste ou du propagateur. Ce procédé, en
raison des ravages du phylloxera, a pris
une importance sans précédents et se
présente sous des aspects presque entièrement nouveaux.

GREFFAGE

Les recherches de nos savants, et, à leur
tête, de notre ami le professeur Riley,
nous mettent maintenant à même de nous
former une idée assez nette de la puissance de résistance des racines des différentes variétés, et nous savons que le
déclin prématuré et la courte existence des
vignes de la plupart de nos belles variétés
des *Labrusca* (groupe méridional), aussi
bien que de presque tous les hybrides
ayant du sang de la classe des *Vinifera,*
doivent être attribués aux attaques de
l'insecte.

Jusqu'à quel point nous possédons un
remède à ce mal, par le greffage de ces
variétés sur celles dont la résistance plus
grande est reconnue, c'est une question
qui n'est pas encore nettement déterminée
et qui est encore ouverte à de nouvelles
expériences et à de nouveaux essais, mais
qui mérite la plus grande attention. Un
autre avantage très-intéressant du greffage, c'est de permettre d'essayer de bonne

heure les nouvelles variétés. En greffant sur une vigne vigoureuse en rapport, on obtiendra généralement du bois à fruit, et quelquefois même du fruit, la première année. On peut aussi, par le greffage, utiliser de vieilles vignes vigoureuses appartenant à quelque mauvaise variété, puisque, avec peu de peine et de soin et en ne perdant qu'une seule année, il est possible de les convertir en variétés choisies et méritantes. Mais, avant d'entrer dans les détails du « modus operandi », parlons d'abord des conditions regardées généralement comme essentielles à la réussite de l'opération.

D'abord le porte-greffe. Quoique, d'après notre propre expérience, nous ne puissions pas nous ranger du côté de ceux qui soutiennent que, pour être sûr d'une parfaite réussite, on doit, en tout cas, prendre le porte-greffe et le greffon dans la même classe, il vaut cependant la peine d'examiner un peu ce point. L'expérience générale semble prouver que les sujets de la classe des *Cordifolia,* dont nous pouvons prendre le Clinton comme type, ne s'unissent pas volontiers aux variétés d'*Æstivalis* ou de *Labrusca,* quoique nous connaissions plusieurs cas où ils se sont unis parfaitement et ont formé de belles et saines vignes. Mais, à part cela, il y a une grande objection à faire à la classe des Clinton, à cause de sa tendance à pousser des rejetons du vieux bois, même pendant des années après l'établissement de la greffe. Cette disposition exige des soins et une surveillance constante, pour empêcher ces rejetons, qui poussent généralement avec une remarquable vigueur, d'envahir la place assignée au greffon. Cet inconvénient disparaît presque entièrement avec les autres classes, après la première saison et une fois que la greffe s'est mise à pousser vigoureusement.

Un point qui est d'une importance beaucoup plus grande, c'est la parfaite santé et la vigueur du porte-greffe. On ne doit jamais choisir pour porte-greffe une vigne chétive ou malade, ou sujette aux attaques du phylloxera. Même dans le cas où le greffon vivrait, il ne végéterait que pauvrement, à moins qu'il n'appartînt à quelque variété très-vigoureuse et qu'il fût greffé assez bas au-dessous du sol pour pouvoir émettre des racines propres qui le nourriraient entièrement, et pour lui permettre de faire cesser bientôt son union avec le porte-greffe malsain. Mais même alors il faudra des années pour neutraliser les effets d'une union mal assortie. Si le but qu'on se propose est de préserver contre les ravages du phylloxera une variété sujette à ses attaques, qu'on choisisse pour porte-greffe une vigne appartenant à une variété robuste et vigoureuse, qui soit connue pour son pouvoir de résistance à l'insecte. Pratiquez alors la greffe aussi près que possible de la surface du sol, et même, là où vous le pourrez, au-dessus de la surface. Quelques personnes ont prétendu que le porte-greffe et le greffon doivent appartenir à des variétés aussi semblables que possible comme force de végétation. Nous ne partageons pas cette opinion. Nous préférerions toujours greffer une variété faible sur une variété robuste.

En second lieu, le greffon. Il doit provenir d'un sarment sain et à mérithalles courts, de la pousse de l'été précédent et d'une dimension modérée (un peu plus gros qu'un crayon à la mine de plomb, c'est la dimension que nous préférons). Il faut le couper avant les fortes gelées et le garder dans une cave fraîche, soit dans de la mousse humide, du sable, de la sciure de bois, soit enterré dans le sol.

Dans le cas où le greffage ne serait fait que tard, au printemps, on peut conserver le greffon endormi en le mettant dans une glacière.

En troisième lieu, quand faut-il greffer? La meilleure époque, en ce qui regarde les jours et les mois, varie naturellement suivant les localités et la latitude. Mais, comme règle générale, nous posons en principe que l'on ne peut pas greffer, avec chances de succès, pendant que la séve circule assez et est assez liquide pour que, quand on taille la vigne, celle-ci saigne, comme on dit ; on ne peut pas non plus le faire (excepté par le procédé du rapprochement (*inarching*), dont nous parlerons plus bas) à partir de l'époque où les jeunes pousses au printemps, ou plutôt dans les premiers jours de l'été, commencent à devenir dures et fibreuses, ce qui se produit en général au moment de la floraison ; il faut attendre jusqu'après la chute des feuilles. Ceci réduit l'époque du greffage à deux périodes : la première, allant de la chute des feuilles au réveil de la circulation, au printemps ; et la seconde, commençant après que ce grand flot de séve s'est calmé, et se prolongeant jusqu'au plein développement de la première végétation nouvelle.

Dans les Etats plus méridionaux, le greffage peut être pratiqué avec succès et d'une manière utile pendant la première période. Le docteur A.-P. Wylie, de Chester, S. C., cet enthousiaste vétéran de la viticulture, à l'opinion duquel nous attachons le plus grand poids, nous informe que l'automne, ou le début de l'hiver, est, dans cette latitude, le vrai moment pour greffer. Plus au nord, et même sous la latitude de Saint-Louis, le greffage d'automne n'est pas aussi certain, parce que, même protégée par un tas de paille ou de feuilles, la greffe court le risque d'être renversée par le soulèvement de la terre à la suite de la gelée. Sous notre latitude cependant, nous avons de beaux jours en février et au commencement de mars, quand le sol est libre et avant que le flot de la séve ait commencé activement à monter ; on pourrait en profiter pour l'opération. Encore plus au nord, là où le sol n'est libre que plus tard et où le printemps arrive tout à coup, ces jours-là sont si rares qu'on ne peut pas en faire souvent usage. Pour ces latitudes, le meilleur moment est pendant la seconde période, ou pendant le temps où la séve a cessé son mouvement actif et s'écoule à l'état de gomme, quand on fait une blessure à la plante. Quelques personnes ont prétendu obtenir de bons résultats, au milieu de l'été, avec des greffons de la pousse de la saison ; mais nous devons avouer que nous doutons fortement du succès dans ces conditions.

Venons-en maintenant à l'opération elle-même. La méthode le plus généralement suivie est la greffe en fente. Après avoir écarté la terre autour du collet de la souche sur laquelle vous voulez opérer, jusqu'à une profondeur de 3 ou 4 pouces (75 à 101 millimètres), choisissez une place au-dessous de la surface, dans un endroit uni, autour du collet ; coupez la souche juste au-dessous de cette place, en faisant une section horizontale au moyen d'une scie fine ; puis fendez la souche avec un ciseau ordinaire à greffer, ou tout autre instrument tranchant, de manière à ce que la fente descende à 1 pouce et demi ou 2 pouces (37 à 50 millimètres) environ. Introduisez le petit bout du couteau à greffer, ou un coin étroit, au centre de la fente pour la maintenir ouverte ; puis, avec un couteau bien tranchant, coupez votre greffon, qui doit avoir 3 ou 4 pouces de long (75 à 101 millimètres) et un ou deux yeux, en forme de coin allongé, pour l'adapter à la fente, en laissant le côté extérieur un peu plus épais que le côté intérieur ; introduisez-le dans la fente, de telle sorte que l'écorce intérieure du porte-greffe et du greffon s'adaptent l'une sur l'autre aussi juste que possible. Retirez alors le coin, et le greffon tiendra solidement en place sous la pression du porte-greffe. Il n'est pas nécessaire d'envelopper ou de lier ces sortes de greffes, excepté quand le porte-greffe est très-petit et très-mince ; dans ce cas, il faudrait entourer le porte-greffe et le greffon d'un lien de jonc ou de toute autre matière pour les lier fortement ensemble. Si le porte-greffe est gros, on peut placer deux greffons, un de chaque côté. Ce système de greffe convient avec des porte-greffe variant de 1 demi-pouce à 3 pouces de diamètre (13 à 75 millimètres). Pour compléter l'opération, remettez la terre en place, en l'amoncelant de manière à ce que l'œil supérieur du greffon soit au niveau du sol. Un abri disposé de façon à le protéger contre le soleil du milieu du jour, ou un léger paillis, sont d'excellentes précautions.

Un autre système de greffe en fente qui, quoique un peu plus ennuyeux, est peut-être plus certain, c'est de *scier*, dans le porte-greffe, un fente de 1 pouce et demi (38 millimètres) environ, au moyen d'une scie à lame épaisse et à dents larges, au lieu de se servir du ciseau. On ne doit donner à la fente que la largeur nécessaire pour recevoir le greffon, qu'il faut couper de manière à ce qu'il s'adapte proprement à la fente avec sa partie supérieure, formée de chaque côté d'un épaulement carré et reposant sur le porte-greffe. Dans ce cas, nous préférons une greffe à deux yeux, dont le plus bas est le point où l'on doit couper les deux épaulements. Pour tout le reste, les règles sont les mêmes que celles que nous avons déjà données. Le plus grand avantage, c'est qu'on peut toujours faire une fente nette et droite, même quand le porte-greffe est noueux et tordu. Nous ferons, à ce propos, la remarque que la machine à greffer Wagner, qui est fortement recommandée par ceux qui l'ont essayée, travaille d'après le même principe. La fente pratiquée par la scie étant toujours d'une largeur uniforme, on peut préparer les greffons à l'avance chez soi, pendant un jour de pluie ou dans la soirée, et les conserver dans de la mousse humide jusqu'au moment de leur emploi.

Il y a encore plusieurs autres méthodes pour greffer la vigne au-dessous du sol ; mais, comme celle que nous avons décrite est la plus généralement adoptée et que nous avons des raisons de croire qu'elle est aussi celle qui réussit le mieux, nous nous abstenons de décrire les autres.

Il arrive souvent que les bourgeons des greffes fondent rapidement quelques jours après l'opération et que, après avoir donné de grandes espérances pendant une semaine ou deux, ils prennent une couleur brune et ont l'air de mourir. Que ce fait ne vous décourage pas trop vite, et surtout ne vous livrez pas trop promptement à un examen des causes de cet échec apparent en enlevant le greffon ou en le détachant. Une greffe peut souvent rester dans cet état pendant une période de cinq ou six semaines, et pousser alors tout-à-coup avec une vigueur capable de donner du jeune bois de vingt pieds (6 mètres) et plus de long, dans la même saison. Maintenez la jeune pousse bien rattachée et enlevez soigneusement tous les rejetons du porte-greffe dès leur apparition.

Si l'on a pour but de greffer une variété sujette au phylloxera sur un pied dont les racines sont saines et ont le pouvoir de résister à l'insecte, il faut placer le greffon de manière que la variété greffée ne puisse pas émettre de racines propres, qui deviendraient bientôt la proie et la pâture de l'insecte et, par leur altération, infecteraient la vigne tout entière. Dans ce cas, il faut viser à placer la greffe au-dessus du sol. La fente et les autres modes ordinaires de greffage sont malheureusement suivis rarement de succès, à moins qu'on ne les pratique au-dessous du sol. Pour atteindre le but, nous avons recours à la greffe par approche ou par courbure *(by approach or inarching)*.

Pour ce procédé, il convient que deux plants, l'un de la variété qui doit former le porte-greffe et l'autre le greffon, soient plantés l'un près de l'autre, soit à une distance d'un pied (30 centimètres). En juin (la première année si les plants ont suffisamment poussé, sinon la seconde année), ou aussitôt que les jeunes pousses deviennent assez dures et ligneuses pour supporter le couteau, prenez une pousse de chacun des deux plants et enlevez-leur à chacune, dans un endroit convenable, un morceau de 2 ou 3 pouces (50 à 75 millimètres) de long et sur les côtés les plus voisins l'un de l'autre. Il faut enlever ce morceau délicatement, avec un couteau bien tranchant, en pénétrant un peu plus loin que l'écorce interne, de façon à obtenir sur chaque pousse une surface plane. Liez-les alors étroitement ensemble, de manière que les écorces internes se rejoignent autant que possible, et enveloppez-les bien avec quelques vieux chiffons de calicot ou des joncs souples. En outre, il est bon de mettre un lien un peu au-dessous et un autre au-dessus du point où se trouve la greffe, et de rattacher aussi les deux sarments à un tuteur ou un treillis pour les mettre à l'abri de toute chance de détachement par l'influence du vent. Le gonflement rapide de la jeune pousse, à cette époque de l'année, nécessite un examen des greffes au bout de quelques semaines, pour pouvoir replacer les liens qui auraient éclaté, ou lâcher ceux qui, trop serrés, entreraient dans le bois et le couperaient.

Il faut, en général, deux ou trois semaines pour que la soudure se fasse. Elle se consolide pendant six à huit semaines. Après ce laps de temps, on peut enlever les liens et laisser la greffe exposée au soleil pour qu'elle durcisse complétement et qu'elle mûrisse. Quant aux sarments eux-mêmes, il faut les laisser pousser librement pendant le reste de la saison. En hiver, si la soudure s'est bien faite, coupez le sarment du greffon juste au-dessous de sa jonction avec le sarment porte-greffe, et coupez, par contre, celui-ci juste au-dessus de la jonction. En supposant que le porte-greffe soit un Concord et le greffon un Delaware, on aurait alors une vigne de Delaware entièrement portée sur la forte et vigoureuse racine du Concord. Il faut naturellement exercer une vigilance constante pour empêcher les rejetons de pousser du porte-greffe. Il convient de protéger, pendant les premiers hivers, la partie greffée, au moyen d'une légère couverture de paille ou de terre, pour empêcher la gelée de la fendre et de la partager.

M. Cambre, l'habile et heureux viticulteur, près de Nauvoo, Ills, auquel nous sommes redevables des principales de ces indications, a pratiqué ce système sur une large échelle, avec les meilleurs résultats. Il l'a appliqué largement au Delaware, en se servant de rejetons sauvages des bois comme porte-greffes. Il réussit ainsi à obtenir de belles et régulières récoltes de cet excellent raisin, même dans des années où d'autres vignes de cette variété sur leurs propres racines échouent complétement dans les vignobles du voisinage. Il serait très-intéressant que d'autres viticulteurs, dans d'autres parties du pays, fissent aussi l'expérience de ce système.

Un autre procédé de greffage au-dessus du sol, pratiqué avec succès par un M. Cornelius (copié du *Gardener's Monthly*, par W.-C. Strong, dans son estimable ouvrage *la Culture de la Vigne*), est non-seulement intéressant par lui-même, mais aussi comme mettant en lumière plusieurs autres modifications de l'emploi de la greffe.

Après la formation des quatre ou cinq premières feuilles et la mise en mouvement de la séve, choisissez sur la vigne la place où vous voulez greffer. Sur ce point, entourez la vigne d'un lien fortement serré plusieurs fois autour d'elle; ce lien empêchera, dans une certaine mesure, le retour de la séve.

Au-dessous de cette ligature, faites une entaille oblique comme on le voit en *a;* de même, faites-en une autre en sens contraire au-dessus de la ligature, comme en *b,* de 1 pouce (25 millimètres) de long environ. Dans le choix du greffon, donnez la préférence à celui qui aurait une courbure naturelle. Coupez-le en biseau aux deux extrémités et donnez-lui une longueur un peu plus grande que la distance qui sépare les deux

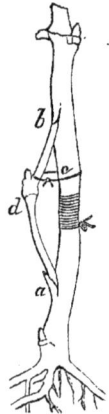

entailles sur la vigne en *a* et en *b*. Insérez le greffon, en prenant soin de mettre les écorces en contact direct et en le fixant au moyen d'un lien, *c*, attaché à la fois autour du greffon et de la vigne, et assez serré pour faire pénétrer les deux bouts dans les entailles. Si le travail est bien fait, il n'est pas nécessaire de mettre de lien en *a* et en *b*, mais il faut recouvrir ces points avec de la cire à greffer. Au bout de peu de temps, le bourgeon *d* commencera à pousser. Vous pouvez alors enlever peu à peu toutes les pousses qui n'appartiennent pas au greffon, et, dans le courant de l'été, couper le bois au-dessus de *b*, et en hiver tout enlever au-dessus de *a* sur le porte-greffe et au-dessus de *c* sur le greffon.

Cette méthode, ainsi que toutes les autres méthodes de greffage au-dessus du sol, exige beaucoup de précautions et un emploi judicieux de la cire à greffer, l'introduction de cette cire dans la fente étant positivement nuisible.

Tout récemment, M. Henry Bouschet, de Montpellier (France), a proposé le système suivant de sarments greffés (*bouture greffée*), pour replanter les vignobles détruits par le phylloxera. Ce système consiste à réunir, suivant la figure ci-contre, un morceau de sarment de vigne américaine à racines résistantes, qui est destiné à servir de porte-greffe, à un morceau de sarment de vigne européenne dont on désire avoir le fruit et qui sert de greffon. Le sarment ainsi formé étroitement entouré de liens légers, est mis en terre comme un simple sarment long, la plantation et la greffe se faisant ainsi en même temps. Naturellement, on peut préparer la greffe à l'avance chez soi, au coin de son feu. M. Bouschet a fait voir, à l'Exposition du Congrès viticole de Montpellier, en octobre 1874, des échantillons de ces greffes, qui avaient effectué leur soudure et avaient poussé avec succès. Ce système est dans ce moment l'objet d'essais importants en France.

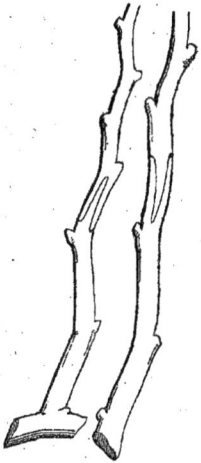

Nous nous proposons nous-mêmes de faire des expériences plus sérieuses sur la question de la greffe comme moyen de combattre l'invasion du phylloxera, et nous publierons, comme il est juste, les résultats de nos essais. Nous avons la confiance que plusieurs de nos vignes à raisins de table les plus distinguées, et peut-être même des vignes européennes traitées dans ce sens, pourraient être cultivées avec succès dans beaucoup de contrées où aujourd'hui elles échouent complétement.

Pour ce qui est des vignes à vin, nous en avons maintenant de si bonnes et précieuses variétés, telles que le Cynthiana, Cunningham, Elvira, Herbemont, Hermann, Louisiana, Neosho, etc., qui sont toutes à l'abri des effets destructifs du phylloxera, pour ne rien dire d'un grand nombre de nouveaux et très-intéressants semis d'*Æstivalis*, qui, comme la classe à laquelle ils appartiennent, résistent bien à l'insecte; nous avons, disons-nous, tant de ces variétés que, pour réussir dans la culture de bonnes vignes à vin, nous n'avons pas besoin ici d'avoir recours au procédé intéressant, mais néanmoins laborieux, du greffage.

Mais revenons maintenant au *modus operandi*, à la manière d'opérer la plantation. Prenez vos vignes de l'endroit où elles étaient en jauge (*heeled-in*)[1] et portez-les

[1] Quand vous recevez vos vignes de chez le pépiniériste, déballez-les sans retard et mettez les en jauge (*heeled-in*), ce qui se fait de la manière suivante : dans un emplacement sec et bien abrité, creusez dans le sol un fossé de

aux trous, enveloppées d'un linge humide, ou dans une cornue contenant de l'eau. En plantant, qu'une personne raccourcisse les racines avec un couteau tranchant[1] et les étende à plat de tous côtés, et qu'une autre personne remplisse les trous avec de la terre bien fine. Avec les doigts, faites pénétrer la terre au milieu des racines et tassez-les légèrement avec le pied. Placez la plante obliquement et faites arriver son extrémité au-dehors contre le bâton que vous aurez disposé à l'avance. Puis, avec votre couteau, coupez le bout sur un œil juste au-dessus, ou au niveau du sol. Ne laissez pas plus de deux yeux sur les jeunes vignes que vous plantez, quelque forte qu'en soit la tête ou quelque vigoureuses et dures que soient les racines. Il suffit de laisser pousser un seul sarment, et c'est seulement en prévision des accidents possibles qu'on laisse deux bourgeons se développer. La plus faible des deux pousses peut être enlevée ou pincée plus tard.

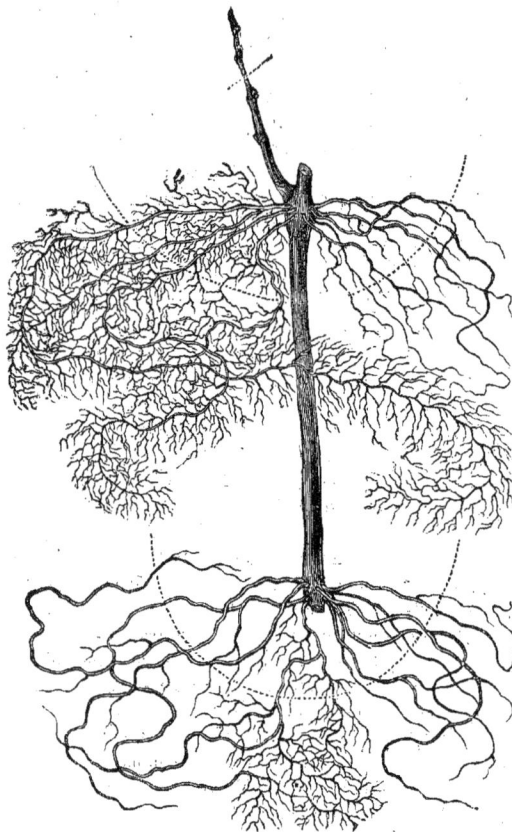

Quand vous plantez en automne, amoncelez légèrement la terre autour du pied pour donner de l'écoulement aux eaux, et jetez une poignée de paille ou de tout autre paillis *(mulch)* sur cette petite butte pour l'abriter ; mais, dans aucun cas, ne recouvrez la vigne avec du fumier, soit frais, soit décomposé.

C'est un fait parfaitement certain que ,

12 à 15 pouces (30 à 38 centimètres) de profondeur, assez large pour recevoir les racines des vignes et de la longueur nécessaire ; rejetez-en la terre sur l'un des côtés. Placez les plants dans ce fossé en les serrant les uns contre les autres, la tête inclinée et appuyée contre la terre que vous avez mise sur l'un des côtés. Faites un autre fossé parallèle au premier, jetez-en la terre dans celui-ci ; recouvrez soigneusement avec cette terre les racines de vos plants, et garnissez bien tous les interstices qui se trouveraient entre elles. Tassez la terre et nivelez-en la surface, pour que les eaux ne puissent pas s'y introduire. Quand vous avez garni votre premier fossé, faites-en autant avec le second, et ainsi de suite. Lorsque le tout est terminé, creusez tout autour un fossé étroit pour faire écouler les eaux et maintenir votre emplacement bien sec.

[1] La planche que nous donnons ici se trouve dans la première édition anglaise (1870) ; elle

sous l'action d'agents azotés, la vigne acquiert une végétation plus luxuriante, les feuilles deviennent plus grandes et le produit s'accroît. Mais les produits de vignobles ainsi fumés ont un défaut reconnu : ils communiquent au vin un goût qui rappelle l'espèce de fumier employée. Au surplus, l'emploi exclusif de substances fertilisantes hâte le déclin d'un vignoble et l'épuisement du sol.

Nous n'employons pas d'engrais dans nos vignes, excepté des cendres de troncs d'arbres et de broussailles, que nous brûlons sur place en défrichant, et des feuilles des bois décomposées, feuilles que nous enfouissons en charruant. D'autres terrains peuvent demander des engrais, et les nôtres en demanderont peut-être plus tard. Mais même les autorités qui recommandent les engrais dans la préparation de certains sols, ou longtemps après la plantation, proscrivent le contact de toute matière organique en décomposition avec les vignes nouvellement plantées[1].

Pendant le premier été, il n'y a guère qu'à maintenir le sol meuble, souple au-

---

n'est pas reproduite dans l'édition de 1875 (*Note des Trad.*)

Les essais faits en France, en 1872, 1873 et 1874, de différents traitements de la vigne attaquée par le phylloxera, ont conduit à cette conclusion que les engrais, spécialement ceux qui sont riches en potasse et en substances azotées profitent aux vignes malades. Les carrés ainsi traités, qui s'étaient améliorés en 1872 et en 1873, ont, en 1874, repris dans plusieurs cas leur ancienne vigueur, mais le phylloxera n'a pas disparu. La Commission instituée par le ministre, dans son Rapport sur ces expériences, a cru pouvoir affirmer que les engrais riches en potasse et en azote mélangés aux sels alcalins ou sulfates terreux, résidus de salins, suie, cendres de bois, ammoniaque, chaux grasse, ont augmenté la force de production des vignes et permis à leurs fruits de mûrir. Le professeur Roessler, de Klosterneuburg (Autriche), croit à la possibilité de la lutte au moyen d'engrais et de phosphates, d'ammoniaque et de potasse.

Ce traitement réussit dans les sols poreux, et, pour obtenir cette porosité, le savant œnologue s'est servi de la dynamite, remuant ainsi le sol à une grande profondeur sans nuire à la vigne.

---

tour des plantes et libre de mauvaises herbes. Remuer le sol, surtout en temps sec, est le meilleur stimulant, de beaucoup meilleur que de l'engrais liquide, et le *pailler* (c'est-à-dire étendre sur le sol une couche de tannée, de sciure de bois, de paille, de sel, de foin ou autre substance analogue, pour conserver aux racines une température plus uniforme et plus de fraîcheur), vaut beaucoup mieux que d'arroser. Ne palissez pas vos jeunes vignes, ne pincez pas leurs branches latérales. En leur permettant de reposer sur le sol pendant le premier été, vous obtiendrez des tiges plus vigoureuses. Une pousse de 4 pieds (1 mètre 20 centimètres) est une belle pousse pour le premier été. En automne, quand les feuilles sont toutes tombées, taillez sur deux ou trois yeux. Avant que le sol gèle, recouvrez de quelques pouces de terre le petit sarment qui est resté.

L'hiver suivant, il faut établir le treillis. Le système adopté par plusieurs de nos viticulteurs expérimentés, comme ayant quelques avantages sur d'autres, surtout pour la culture en grand, est le suivant : on prend des piquets de quelque bois durable (le meilleur est le cèdre de Virginie, *Juniperus virginiana*), on les refend sur 3 pouces (76 millimètres) d'épaisseur, et on les coupe à 7 pieds (2 mètres 12 centimètres) environ de longueur, de manière qu'ils aient 5 pieds (1 mètre 52 centimètres) de haut, une fois en place. On les place dans des trous de 2 pieds (60 centimètres) de profondeur, creusés dans les rangées de 16 à 18 pieds (4 mètres 85 à 5 mètres 47) d'écartement, de manière que entre deux piquets il y ait deux ceps, s'ils sont écartés de 8 pieds (2 mètres 43), ou trois s'ils sont écartés de 6 pieds (1 mètre 82). On tend trois fils de fer horizontaux le long des piquets, en les assujétissant à chaque piquet au moyen d'un crochet ∩ fixé assez solidement dans le piquet pour que le fil de fer ne puisse pas échapper. Les deux piquets des deux extrémités doivent être plus grands que les autres et arc-

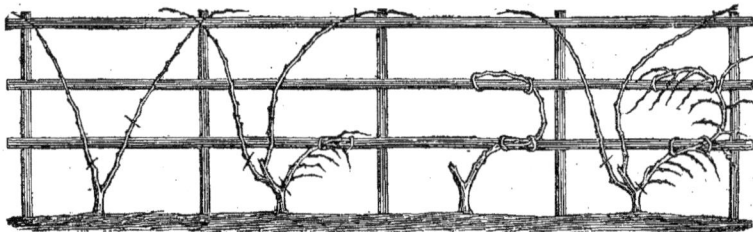

fig. 21.

boutés (fig. 20), pour que la contraction des fils, par le froid, ne les ébranle pas. Il faut placer le premier fil à 18 pouces (45 centimèt.) environ au-dessus du sol, et les autres à 18 pouces les uns des autres, ce qui met le fil supérieur à 4 pieds 6 pouces (1 mètre 36) au-dessus du sol. Le fil de fer usité est du nº 10, en fer galvanisé; mais le nº 12 est assez fort. Aux prix actuels des fils de fer, le coût par acre (33 ares), est de 40 à 60 dollars (fr. 180 à 270), suivant la distance des rangées et le nombre de fils employé [1].

On se sert ordinairement du nº 12.

Au lieu de fils de fer, on peut employer des lattes (fig. 21); mais elles ne sont pas aussi durables et les piquets ont besoin d'être beaucoup plus rapprochés. Une autre manière de faire le treillis (système Fuller) est de mettre des barres horizontales et des fils de fer perpendiculaires,

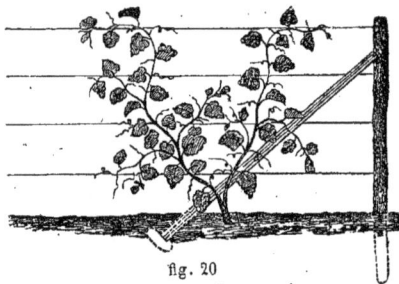

fig. 20

[1] Bien que le tableau suivant ne puisse pas être d'une grande utilité pour nos lecteurs, nous le donnons, toutefois, pour les personnes qui voudraient pousser plus loin l'étude de cette question.

Nous leur rappelons que:
La livre   = 453 grammes.
Le yard   = 91 centimètres.
Le mille   = 1,609 mètres.
Le dollar (papier) = fr. 4,50 environ.
Le cent   = 4 ou 5 centimes.
                      (Note des Trad.)

Le Ludlow Saylor Wire Company, de Saint-Louis, nous fournit le tableau suivant, qui peut servir à calculer ces frais:

Grosseur du fil de fer	Coût par livre	Poids de 100 yards en livres	Nombre de livres par mille	Nombre de yards par paquets de 63 livres	Longueur de 100 livres en yards	Livres déterminant la rupture par tension directe	Nombre de livres par acre	Coût par acre avec des rangées de 3 fils et de 8 pieds d'écartement
9	6 1/2 cents	18.36	323	342	609	1560	986	D. 64.15
10	8 —	14.97	264	420	747	1280	807	64.50
11	8 —	11.95	211	529	939	1000	645	51.60
12	8 1/2 —	9.24	163	700	1244	800	499	42.35
13	9 1/2 —	7.65	124	893	1519	568	377	36.00
14	9 1/2 —	5.51	97	1142	2031	456	296	27.25

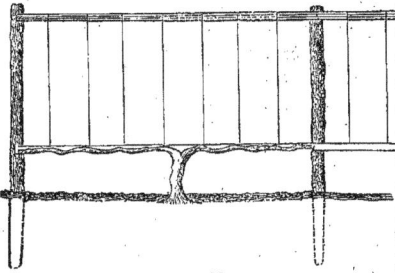

fig. 22

comme on le voit (fig. 22). On place entre les ceps, à égale distance de chacun, en ligne avec eux et à une profondeur de 2 pieds (60 centimèt.), des piquets d'un bon bois dur et durable, de 3 pouces (75 millimètres) de diamètre et de 6 pieds et demi à 7 pieds (1 mètre 97 à 2 mètres 12 de long. Quand les piquets sont en place, on y cloue des lattes d'environ 2 pouces et demi (63 millimètres) de large et de 1 pouce (25 millimètres) d'épaisseur, l'une à 1 pied (30 centimètres) au-dessus du sol, l'autre au haut du piquet. On prend alors du fil de fer galvanisé n° 16, on le place perpendiculairement, en le faisant passer autour de la latte d'en bas et de celle d'en haut, à 12 pouces (30 centimètres) environ d'écartement. Le fil de fer galvanisé est préférable, et, comme le n° 16 donne 102 pieds à la livre, le surcroît de dépense est très-petit. Ce treillis coûtera probablement moins que celui qui est fait avec des fils horizontaux, et quelques personnes le préfèrent. La pratique parle cependant en faveur des fils horizontaux. Un système à deux fils horizontaux seulement, l'un à 3 pieds (91 centimètres) et l'autre à 5 pieds et demi (1 mètre 57) de hauteur, gagne du terrain dans l'esprit des viticulteurs de l'Est et de l'Ouest. Un grand nombre de viticulteurs élèvent leurs vignes sur des piquets ou échalas (*stakes*), croyant que c'est meilleur marché, et la tendance à la baisse des prix des raisins et du vin pousse beaucoup de gens à adopter le système le moins coûteux. On recommande un, deux, trois piquets; mais on verra que tout cela est un triste système, fort incommode. Et cependant, tout récemment, on vient de mettre en avant un système consistant à élever la vigne sur un seul piquet, en la taillant sur deux branches enroulées autour du piquet et solidement *clouées* au sommet; et non-seulement on a prôné ce système comme une nouvelle invention et comme une amélioration dans la culture, mais on vient de prendre un brevet pour lui! (J.-B. Tillinghast, *Système pour conduire et fixer les vignes*, n° 155,995, *patented*, oct. 13 — 1874.)

Quelques personnes croient même que nous pouvons nous dispenser entièrement des treillis et des échalas, et insistent pour l'adoption de la taille en souche, système suivi dans certaines parties de la France et de la Suisse, mais tout à fait impraticable avec nos espèces à forte végétation.

Si vous avez recouvert vos jeunes vignes en automne, débarrassez-les de la terre à l'approche du printemps; cultivez tout le sol, en labourant entre les rangées à une profondeur de 4 à 6 pouces (10 à 15 centimètres), et en bêchant soigneusement le le pied des vignes avec une bêche (*pronged hoe*). La bêche allemande à deux pointes, ou *Karst*, est généralement en usage; mais, depuis que nous avons la bêche *Hexamer*, nous préférons de beaucoup cet excellent instrument. Le sol doit être ainsi brisé, retourné et maintenu dans un état *continuel* d'ameublissement; *mais ne le travaillez pas quand il est mouillé!*

Pendant le *second été*, il sort une pousse ou un sarment de chacun des deux ou trois bourgeons que vous avez laissés l'automne précédent. De ces jeunes pousses, s'il y en a trois, ne conservez que les deux plus fortes, en les palissant proprement au treillis, et laissez-les se développer sans obstacle jusqu'au fil de fer le plus élevé.

Avec les variétés à forte végétation, surtout quand nous nous proposons de faire pousser le fruit sur des branches latérales (*lateral*) ou des coursons (*spurs*),

4

nous pinçons les deux sarments principaux (*main canes*), quand ils atteignent le second fil horizontal. Par là, on pousse fortement au développement des branches latérales, chacune de ces branches formant un sarment de moyenne force, qu'on raccourcit en automne sur quatre à six yeux. L'un des deux sarments principaux peut être marcotté en juin ; on le recouvre de terre meuble de l'épaisseur d'un pouce (25 millimètres) et on laisse dépasser hors de terre les extrémités des branches latérales. Celles-ci feront généralement de bons plants à l'automne pour de nouvelles plantations ; avec des variétés ne se reproduisant pas facilement de bouture, cette méthode est particulièrement avantageuse. La fig. 23 montre la vigne

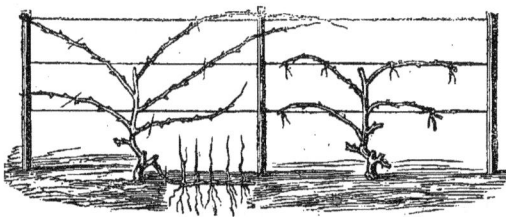

fig. 23.

palissée et taillée en conséquence à la fin de la seconde année ; les lignes transversales sur les sarments montrent où ils doivent être coupés ou taillés.

Une autre bonne méthode, recommandée par Fuller, c'est de courber en automne, à la fin de la seconde année, les deux sarments principaux dans des directions opposées, après avoir pincé toutes les branches latérales pour concentrer la végétation sur ces deux sarments. On les place et on les attache contre le fil inférieur ou la barre inférieure du treillis, comme on le voit à la fig. 22, et on ne leur laisse qu'une longueur de 4 pieds (1m,21) à chacun. On conserve cinq ou six bourgeons à la partie supérieure des bras, pour qu'ils poussent en sarments verticaux. Il faut enlever ou casser tous les bourgeons ou toutes les pousses qui ne sont pas néces-

saires pour ces sarments verticaux. Cette dernière méthode ne convient pas beaucoup aux variétés qui exigent un abri l'hiver. Quand les sarments ont leur point de départ plus bas, près du sol, qu'ils sont coupés et détachés du fil de fer, ils peuvent être facilement recouverts de terre.

Au commencement de la troisième année, découvrez et rattachez les sarments au treillis, comme nous l'avons déjà indiqué. Pour attaches, on peut employer n'importe quel cordon souple ou quel fil de laine solide, ou de vieux chiffons. Quelques personnes se servent de joncs ayant trempé dans l'eau courante deux semaines au plus.

M. Husmann recommande de planter le saule doré (*golden willow*), ou tout autre saule (*Purpurea viminalis*), et de se servir de leurs petites branches pour faire des liens. Attachez serré, et, à mesure que les jeunes sarments poussent, maintenez-les attachés ; mais, en tout cas, prenez garde d'attacher trop serré, de peur de gêner la libre circulation de la sève.

Vous labourez et bêchez maintenant le sol de nouveau, comme nous l'avons déjà expliqué. De chacun des bourgeons laissés à la dernière taille, il peut pousser des sarments pendant la troisième année, et chacun de ces sarments portera probablement deux ou trois grappes de fruit. Il y a un danger : c'est qu'ils aient à souffrir d'un excès de production. Il faut y obvier en les éclaircissant par l'enlèvement de toutes les grappes imparfaites et des pousses faibles. Pour assurer la future fructification de la vigne et maintenir en même temps celle-ci sous notre dépendance, il ne faut pas laisser pousser plus de bois qu'il n'est nécessaire d'en avoir pour la production de la saison suivante, et pour cela nous avons recours à la taille du printemps, généralement, quoique improprement appelée :

TAILLE D'ÉTÉ

Le moment convenable pour pratiquer la taille d'été, c'est celui où les jeunes pousses ont environ 15 centimètres de long, et quand vous pouvez voir pleinement toutes les petites grappes en bouton. Nous commençons par les deux coursons (*spurs*) d'en bas, ayant chacun deux bourgeons et tous deux partis. Nous destinons l'un des deux à devenir un sarment à fruit l'été prochain; c'est pourquoi nous le laissons se développer sans y toucher pour le moment, le rattachant, s'il est assez long, au fil de fer inférieur. L'autre, que nous destinons à être de nouveau un courson à l'automne, nous le pinçons avec le pouce et le doigt, juste au-delà de la dernière grappe, ou bouton, en enlevant le bout (du sarment) *the leader* entre la dernière grappe et la feuille qui la suit, comme dans la fig. 24, la ligne transversale indiquant la place où le pincement doit être fait.

Nous passons ensuite au courson le plus voisin, sur le côté opposé, où nous laissons aussi un seul sarment libre et où nous pinçons l'autre.

De là nous passons à toutes les pousses venues sur les bras ou branches latérales palissées, et nous les pinçons aussi au delà de la dernière grappe. Si l'un des bourgeons a émis deux pousses, nous enlevons la plus faible; nous enlevons également toutes les pousses stériles ou faibles. Si quelques-unes ne sont pas assez développées, nous passons outre, et revenons à cette opération quelques jours après le premier pincement.

Les branches fruitières étant toutes pincées, nous pouvons laisser nos vignes à elles-mêmes jusqu'après la floraison, nous bornant à rattacher les jeunes sarments des branches coursonnes, si c'est nécessaire. Mais ne les palissez pas sur les branches fruitières ; dirigez-les vers les places vides des deux côtés de la vigne, notre but devant être de donner au fruit tout l'air et toute la lumière possibles.

Pendant le temps que les vignes auront mis à fleurir, des branches latérales auront poussé des aisselles des feuilles des branches à fruit. Revenez maintenant à celles-ci, et pincez chaque branche latérale sur une feuille, comme le montre la fig. 25.

fig. 24   fig. 25

Peu de temps après, les rameaux latéraux sur les branches fruitières qui ont été pincées émettront de nouveaux jets. Arrêtez ceux-ci de nouveau, en ne laissant qu'une feuille de la jeune pousse. Laissez pousser sans obstacle les branches latérales sur les sarments destinés à porter fruit l'année suivante ; attachez-les proprement aux fils de fer, avec des joncs ou de la paille.

Si vous préférez conduire vos vignes d'après le système des bras horizontaux (fig. 22), la taille sera dans l'ensemble la même. Pincez l'extrémité de chaque pousse dès qu'elle aura émis deux feuilles au delà de la dernière grappe. Les pousses repartiront bientôt après avoir été arrêtées, et devront être arrêtées de nouveau quand elles auront atteint quelques centimètres de long, notre désir étant de les maintenir dans les limites du treillis. Les branches latérales devront être arrêtées à leur première feuille. Nous nous efforçons ainsi de maintenir la vigne également équilibrée en fruit, en feuillage et en bois. On comprend que la taille d'hiver ou le raccourcissement du bois mûr, et la taille d'été ou le raccourcissement et l'élagage des jeunes pousses, ont un seul et même but: maintenir la vigne dans de justes limites et concentrer toute son énergie sur un double objet, la production et la *maturation* du fruit le meilleur et la production d'un bois fort et sain pour l'année suivante. Les deux opérations ne sont, en réalité, que les deux parties différentes d'un seul et même système, dont la taille d'été est la préparation, et la taille d'hiver la conclusion. Mais, tandis que la vigne peut supporter, sans dommage apparent, toute dose raisonnable de taille pendant qu'elle est en repos, en automne ou en hiver, toute taille trop rigoureuse en été est un mal sans atténuation. G.•W. Campbell, l'horticulteur bien connu, dit : « Toute la taille d'été que je recommanderais serait l'enlèvement précoce, à leur première apparition, des pousses superflues, en ne laissant que ce qui est nécessaire pour le bois à fruit de l'année suivante. Ce serait là tout ce que je considérerais comme nécessaire, avec le pincement et l'arrêt des pousses ou des sarments qui seraient disposés à une végétation trop rampante. Plusieurs des plus habiles viticulteurs, à ma connaissance, taillent soigneusement leurs vignes en automne ou de bonne heure au printemps, et les laissent ensuite sans taille d'été. » L'importance du sujet est si grande, que nous joignons ici l'article suivant :

MÉTHODE D'HUSMANN POUR LA TAILLE D'ÉTÉ DE LA VIGNE

(Extrait de ses excellents articles sur cette importante opération dans le *Grape Culturist*.)

Si l'on ne pratique pas une taille d'été convenable et judicieuse, il est impossible de tailler judicieusement en automne. Si vous avez permis à six ou huit sarments de pousser en été là où deux ou trois seulement vous sont nécessaires, aucun d'eux ne sera en état de donner une pleine récolte, ni de se développer convenablement. Nous taillons en automne plus long que ne le fait la majorité de nos vignerons. Nous y trouvons un double avantage : si la gelée de l'hiver fait souffrir ou tue quelqu'un des premiers bourgeons, il nous en reste encore assez ; et, s'il n'en est pas ainsi, nous avons encore le choix d'enlever toutes les pousses imparfaites, de réduire le nombre des grappes au premier pincement et de ne conserver ainsi que des sarments forts pour la fructification de l'année suivante, et nous n'avons que des grappes grosses et bien développées.

Mais, pour nous assurer ces avantages, nous avons certaines règles que nous suivons strictement. Nous sommes heureux de voir que l'importance de ce sujet a complétement attiré l'attention de nos viticulteurs, et qu'ils renoncent généralement à la vieille habitude de couper et de casser les jeunes pousses en juillet et août. Elle a tué plus que toute autre des vignobles pleins d'espérances. Mais on court facilement aux extrêmes, et beaucoup de gens plaident aujourd'hui pour la doctrine du « laisser-aller. » Nous croyons que les uns et les autres ont tort, et que la vraie route est entre les deux.

1. — Opérez de *bonne heure*. Faites-le dès que les pousses ont atteint une longueur de 15 centimètres. A cette époque, vous pouvez surveiller votre vigne beaucoup plus aisément. Les jeunes pousses sont tendres et flexibles. Vous n'enlevez pas à la vigne une quantité de feuillage dont elle ne peut pas se passer (car les feuilles sont les poumons de la plante et les élévatrices de la séve); vous pouvez faire trois fois plus d'ouvrage qu'une semaine plus tard, quand les pousses ont durci et que leurs vrilles se sont entrelacées. Rappelez-vous que le *couteau* ne doit avoir rien à faire dans la taille d'été. Le pouce et le doigt doivent faire tout le travail, et ils peuvent le faire aisément s'il est fait de bonne heure.

2. — Faites ce travail *complétement* et *systématiquement*. Choisissez les pousses que vous destinez à servir de branches fruitières l'année suivante. Il ne faut pas toucher à celles-là ; mais n'en laissez pas plus que vous n'en avez réellement besoin.

Rappelez-vous que chaque partie de la vigne doit être complétement aérée. Si vous laissez trop de sarments, aucun d'eux n'aoûtera son bois aussi complétement et ne sera aussi vigoureux que si chacun d'eux a de l'espace, de l'air et de la lumière. Quand vous aurez choisi ces sarments, commencez au bas de la vigne et enlevez toutes les pousses superflues et toutes celles qui vous paraîtront faibles et imparfaites. Passez ensuite aux bras de la vigne et pincez chaque branche fruitière au-dessus de la dernière grappe, ou, si celle-ci vous paraît faible ou imparfaite, enlevez-la et pincez au-dessus de la première, dont le développement est parfait. Si le bourgeon a donné naissance à deux ou trois pousses, il sera, en général, sage de ne laisser que la plus forte et de supprimer les autres. Ne croyez pas pouvoir faire une partie de cette opération un peu plus tard; ne vous épargnez pas, au contraire, à enlever tout ce que vous avez l'intention d'enlever cette fois. Détruisez toutes les chenilles et tous les insectes qui mangent vos vignes, l'*haltica chalybea* (*steel blue beetle*), qui se nourrit de l'intérieur des bourgeons. Mais protégez la coccinelle (*the lady-bug*), le prie-Dieu (*mantis*) et tous les amis de la vigne.

Nous arrivons maintenant à la seconde opération de la taille d'été. Après le premier pincement, les bourgeons endormis, placés aux aisselles des feuilles, sur les rameaux à fruit, donneront chacun naissance à une pousse latérale opposée aux jeunes grappes. Notre seconde opération consiste à pincer chacune de ces pousses latérales sur une feuille aussitôt que nous pouvons saisir la pousse au-dessus de la première feuille. Nous obtenons ainsi une jeune et vigoureuse feuille supplémentaire opposée à chaque grappe. Ces feuilles servent à faire monter la séve; elles forment aussi une excellente protection et un abri pour le fruit. Rappelez-vous que notre but n'est pas d'enlever à la plante son feuillage, mais de faire pousser deux feuilles là où il n'y en avait qu'une, et de les faire pousser à une place où elles sont plus utiles au fruit. Avec notre méthode, nos rangées de vigne ressemblent à des murs garnis de feuilles, chaque grappe étant convenablement abritée et chaque partie de la vigne étant néanmoins convenablement aérée.

Passons maintenant à une autre de ces découvertes accidentelles qui se sont trouvées être d'une grande utilité pour nous dans la conduite des Concords, Herbemonts, Taylors, etc.

Dans l'été de 1862, tandis qu'un lot de Concords, plantés en 1861, poussait rapidement, une grêle violente cassa les jeunes rameaux, leur enleva tout leur feuillage et brisa les pousses délicates et herbacées à la hauteur de deux pieds environ. Les vignes poussèrent rapidement, et les bourgeons endormis des aisselles des feuilles donnèrent immédiatement naissance à des branches latérales, qui firent des sarments de belle dimension.

L'automne suivant, quand nous commençâmes à tailler, nous trouvâmes de trois à cinq de ces fortes branches latérales sur chaque sarment, et nous les raccourcîmes de manière à leur laisser de trois à cinq et six bourgeons à chacune. Sur ces branches latérales, nous obtînmes une des plus belles récoltes que nous eussions jamais vues, certainement beaucoup plus belle que nous ne les avions auparavant sur les gros sarments. Nous avons, depuis lors, appris à imiter la grêle en pinçant les bouts des jeunes pousses (*the leaders of young shoots*) quand ils ont poussé de deux pieds environ, développant ainsi les branches latérales et obtenant notre récolte sur ces dernières. C'est une autre démonstration du vieux proverbe : « Il n'est si mauvais vent qui ne fasse du bien à quelqu'un » (*It is an ill wind that blows nobody any good*).

Après le second pincement des branches fruitières, comme nous l'avons décrit, les branches latérales portent généralement encore une fois ; nous pinçons de nouveau leur jeune pousse sur une feuille, et nous donnons ainsi à chaque branche latérale deux feuilles bien développées. Toute l'opération doit être terminée vers le milieu de juin ici. Il faut laisser tout ce qui pousse après cette époque. En terminant, jetons un coup d'œil sur les objets que nous avons en vue :

1. — Maintenir la vigne dans de justes limites, de manière à ce qu'elle soit en tout temps sous le contrôle du vigneron, *sans affaiblir sa constitution par un effeuillement trop grand.*

2. — *Éclaircir judicieusement le fruit* à une époque où son développement n'a exigé aucun effort de la plante.

3. — *Faire développer un feuillage vigoureux et sain,* en forçant la végétation des branches latérales et en ayant deux jeunes feuilles saines opposées à chaque grappe, ces feuilles devant abriter le fruit et lui amener la sève.

4. — *Faire pousser des sarments vigoureux pour la fructification de l'année suivante, et pas davantage,* en les rendant par là plus forts ; chaque partie de la vigne étant ainsi accessible à la lumière et à l'air, le bois s'aoûte mieux et est plus uniforme.

5. — *Destruction des insectes nuisibles.* Le vigneron, ayant à passer en revue chaque rameau de sa vigne, n'a pas de procédé plus complet et plus systématique pour opérer cette destruction.

TAILLE D'AUTOMNE OU D'HIVER

Cette taille peut être pratiquée en tout temps, quand la température est douce, pendant que la vigne est en repos, généralement de novembre en mars ; mais elle doit l'être au moins une semaine avant le réveil probable de la végétation. Les variétés délicates, qui demandent un abri l'hiver, doivent naturellement être taillées en novembre.

Le traitement varie un peu suivant les différentes variétés. Quelques-unes, les variétés à forte végétation, fructifient mieux quand on les taille à coursons sur le vieux bois que quand on les taille sur les jeunes sarments ; on conserve les vieux sarments et l'on taille sur deux yeux celles de leurs fortes pousses ou branches latérales qui sont *saines.* D'autres variétés, au contraire (celles dont la végétation est modérée) fleurissent et produisent mieux quand on les taille court et sur un sarment venu dans la saison précédente.

Le vigneron attentif trouvera quelques indications dans notre catalogue descriptif; mais ce ne sera que par la pratique et l'expérience qu'il apprendra quelle est la meilleure méthode à suivre pour chaque variété.

Voici les vues de M. Hussmann sur ce sujet :

Certaines variétés produiront plus vite et donneront des grappes plus grosses sur les branches latérales des *jeunes* sarments, d'autres sur les coursons d'un petit nombre d'yeux de *vieilles* branches fruitières, d'autres enfin sur les sarments principaux. Dirigez votre taille en conséquence.

La plupart des vignes à forte végétation de l'espèce des *Labrusca* (Concord, Hartford, Ives, Martha, Perkins, etc.), ainsi que plusieurs de ses hybrides les plus vigoureux (Goethe, Wilder, etc.), et surtout certains *Æstivalis* (Herbemont , Cunningham, Louisiana, Rulander), *fructifieront mieux sur les branches latérales des jeunes sarments de la pousse de l'été précédent,* pourvu qu'ils soient assez forts, et ils le seront s'ils ont été pincés conformément à nos indications. Les boutons à fruit placés à la base des sarments maîtres (*principal canes*) sont rarement bien développés et ne portent pas beaucoup de fruit. C'est pourquoi nous faisons venir le fruit sur les branches latérales, que nous pouvons raccourcir sur deux à six yeux chacune, suivant leur force. Toutes ces variétés à grande végétation ont besoin d'avoir beaucoup à faire, c'est-à-dire d'être taillées long, beaucoup plus long qu'on ne le fait généralement. S'il sortait trop de grappes, vous pouvez en réduire aisément le nombre au premier pincement. Tous les *Cordifolia* et quelques *Æstivalis* (Cynthiana et Norton's Virginia) produisent davantage sur les coursons de sarments vieux de deux ou trois ans. Ils se mettent aussi mieux à fruit sur des coursons de branches latérales que sur des coursons de sarments principaux (*main canes*), mais ils ne donnent leurs meilleurs fruits que quand ils ont pu être taillés à coursons sur de vieux bras. A cet effet, choisissez pour vos coursons des sarments forts, bien aoûtés ; taillez-les sur deux ou trois yeux, et supprimez tous les sarments imparfaits et petits. Vous pouvez laisser de trente à cinquante bourgeons, suivant la force de la vigne, en vous souvenant toujours que vous pourrez réduire le nombre des grappes, quand vous pratiquerez la taille d'été.

Il est une troisième classe qui produit vite et abondamment sur les sarments principaux. Elle comprend les variétés qui ne poussent pas très-fort, les *Labrusca* plus délicats, et toutes celles qui ont plus ou moins les caractères du *Vinifera,* telles que l'Alvey, le Cassady, le Créveling, le Catawba, le Delaware, l'Iona, le Rebecca. Ces variétés produiront mieux sur sarments courts à six yeux, avec la taille courte. L'ancien système de renouvellement peut être aussi bon pour elles que tout autre. Il y a aussi beaucoup plus de danger à *surcharger* cette classe que les deux autres, et il ne faut jamais les laisser porter trop. (*Grape Culturist,* nov. 1870.)

On voit par ce qui précède qu'il faut appliquer différentes méthodes à différentes variétés, et nous pouvons ajouter qu'il faut aussi les modifier suivant d'autres circonstances. Aussi ceux qui ont recommandé des systèmes divers et contradictoires de conduite et de taille peuvent-ils avoir raison chacun en particulier ; mais ils ont eu tort de croire que leur système préféré était le seul bon *dans tous les cas,* ou qu'il

était également bien adapté à toutes les espèces et à toutes les variétés. Le vigneron intelligent, en ne perdant pas de vue cette observation, aura bientôt appris quel est le système dont l'application sera la meilleure dans les conditions particulières où il se trouve.

DISPOSITIONS ULTÉRIEURES

Nous pouvons maintenant considérer la vigne comme tout à fait établie, en état de donner une pleine récolte, et, une fois palissée à son treillis au printemps, comme présentant l'apparence qu'indique la fig. 26.

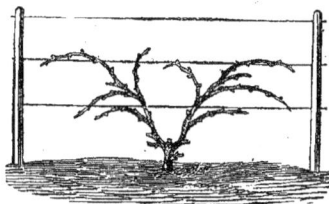

f ig. 26

Les opérations sont exactement les mêmes que dans la troisième année. Si vous conduisez vos vignes d'après le système horizontal, les sarments érigés, qui avaient été taillés chacun sur deux yeux, produiront maintenant chacun deux pousses. Si de chacun de ces deux yeux il sort plus d'une pousse, ou si d'autres pousses sortent de petits yeux placés près des bras, ne laissez venir que la plus forte et supprimez toutes les autres. Au lieu de dix à douze sarments érigés, vous en aurez vingt ou vingt-quatre, et, en leur laissant trois grappes à chacun, vous pourrez avoir soixante-dix grappes à chaque pied de vigne, la quatrième année de la plantation. Vous aurez à traiter ces sarments, pendant toutes les années suivantes, de la même manière, pour ce qui regarde les arrêts (*stopping*), le pincement, les branches latérales, etc., etc.

Il y a plusieurs autres systèmes de conduite de la vigne ; mais les mêmes règles générales et les mêmes principes prévalent dans presque tous.

Il y a dans la fructification de la vigne un fait bien prouvé : c'est que les plus beaux fruits, les récoltes les meilleures, les plus précoces et les plus abondantes, sont le produit des pousses les plus fortes de l'année précédente. Le seul système de taille convenable sera donc celui qui favorise et qui assure une production abondante de ces pousses-là. C'est à l'aide de ce principe général qu'il faut contrôler tous les soi-disant nouveaux systèmes, et que les débutants dans la culture de la vigne peuvent être mis en garde contre les fausses impressions qu'ils pourraient recevoir de l'observation de quelque autre système. Cette précaution est d'autant plus nécessaire que de jeunes vignes donneront de bonnes récoltes pendant quelques années, alors même qu'elles seraient très-imparfaitement traitées. Dans tous les systèmes qui impliquent le maintien du bois au delà de cinq ou six ans, comme dans la taille à coursons, et les méthodes à branches horizontales, il est absolument essentiel d'enlever à certaines époques le bois le plus vieux et de le remplacer par du bois plus jeune, pris aux environs de la base de la plante. Il est difficile de donner des règles précises pour une opération qui exige tant de réflexion et une connaissance si complète de la végétation et des habitudes de fructification des différentes variétés.

Si vous désirez conduire vos vignes en *berceaux* ou en *treilles*, laissez une seule pousse pendant le premier été, et même pendant le second si c'est nécessaire, afin qu'elle puisse devenir très-forte. Taillez sur trois yeux en automne. Ces yeux émettront chacun une forte pousse, que vous palisserez au berceau que vous aurez l'intention de garnir ; vous la laisserez croître librement. L'automne suivant, taillez ces trois sarments sur trois yeux, qui vous donneront trois branches principales, ayant chacune leurs sarments à la troi-

sième ou quatrième saison. Sur chacune de ces branches, taillez, l'automne suivant, un sarment sur deux yeux, et les autres sur six ou même davantage, suivant la force de la vigne. Puis augmentez graduellement le nombre des branches et taillez plus fortement celles qui ont porté du fruit. De cette manière, on peut, avec le temps, faire couvrir à une vigne une grande surface, lui faire produire une grande quantité de fruits et la faire durer jusqu'à un âge très-avancé.

Ceux qui désirent de plus amples renseignements et des instructions plus détaillées sur les divers modes de taille et de conduite, ou sur la culture des vignes en serre, peuvent consulter le *Guide des cultivateurs de vignes* de Chorlton (Chorlton's *Grape Growers Guide*), le *Grape Culturist* de Fuller, la *Culture de la vigne sur les murs* de Hoare (Hoare's *Cultivation of the Grape vine on open walls*) et d'autres ouvrages sur la viticulture, et surtout un article sur la taille et la conduite de la vigne de W. Saunders, département de l'Agriculture des Etats-Unis : *Rapport de 1866*.

MALADIES DE LA VIGNE

La vigne, malgré toute sa vigueur et sa longévité, est, non moins que tous les autres corps organisés, sujette aux maladies, et, comme nous ne pouvons pas faire disparaître la plupart de leurs causes et que même nous ne pouvons, avec le plus de soins, en prévenir et en guérir qu'un petit nombre, notre première préoccupation doit être de choisir des plantes saines et des variétés robustes. Nous vous avons déjà mis en garde contre les dangers qu'il y a à planter la vigne dans un sol compacte, humide, où l'eau reste stagnante, ou dans des endroits exposés aux gelées, tant précoces que tardives. Vous vous êtes pénétré de l'importance d'une bonne culture, de l'ameublissement du sol[1], d'une conduite intel-

[1] Nous n'ignorons pas ce fait que, dans certaines saisons et dans des sols particuliers, des vignobles négligés, pleins de gazon et de mauvaises herbes, ont échappé aux maladies et donné de pleines récoltes, tandis que d'au-

ligente et de l'éclaircissement du fruit. Si vous négligez ces divers points, les variétés même les plus robustes et les plus vigoureuses deviendront malades.

« Le mildew est probablement notre maladie la plus redoutable: c'est un champignon. Deux sortes distinctes infectent nos vignes : l'une, l'oïdium Tuckeri d'Europe, se montre sous un aspect poudreux à la face supérieure des feuilles et forme fréquemment une enveloppe un peu coriace sur les pousses et sur les grains. Elle a pour effet de ronger les parties attaquées et de les empêcher de se développer. Les raisins qui en sont atteints présentent comme des durillons bruns ; les parties du grain non attaquées se gonflent librement, et tout ce que la partie altérée peut faire, c'est de se fendre, ce qui est ordinairement le cas, et l'on voit souvent les pepins sortir à travers cette fente.

Mais la moisissure le plus nuisible à nos raisins indigènes est tout à fait différente : c'est un Peronospora. Elle se montre sur la face inférieure de la feuille, ayant habituellement l'apparence d'un petit amas de matière duveteuse d'un brun blanchâtre [1]. Elle adhère fortement à la feuille et est un vrai parasite. Elle détruit la partie à laquelle elle adhère; le soleil y fait un trou, que l'on qualifie de rouille des feuilles (blister, leaf-blight, etc.). Mais, si vous dites que c'est le mildew, « Oh ! non, répartira le vigneron, je n'ai jamais eu de mildew. » Sa

tres vignobles, bien bêchés et bien cultivés, souffraient cruellement, surtout de la carie noire ; mais la règle n'en reste pas moins bonne en général. Après une saison de forte sécheresse, par exemple, le labour du printemps peut amener l'évaporation du peu d'humidité qui reste dans le sol ameubli et faire des racines épuisées la proie des fortes gelées, tandis qu'une surface non labourée et durcie peut servir d'abri contre elles. De semblables exceptions ont amené, à tort, certains viticulteurs à préconiser la non-culture ou même l'ensemencement de gazon dans leurs vignobles ; mais, après un an ou deux, le résultat était une végétation rabougrie et une sensible diminution dans le rendement de leurs vignes.

[1] Ceci peut être vrai du mildew déjà flétri par la vétusté ; mais, à l'état frais, la production en question m'a paru d'un blanc un peu hyalin. — J.-E. P.

position sur la partie inférieure de la feuille le fait échapper à l'observation. Ce mildew est favorisé par une humidité continue, un temps pluvieux ou même de fortes rosées persistantes, suivies de journées calmes, tièdes, par tout ce qui empêche la moisissure d'abandonner promptement le feuillage. »
W. SAUNDERS.

Les variétés européennes sont plus sujettes que les nôtres à cette maladie. En France et en Allemagne, on la combat victorieusement avec de la fleur de soufre, appliquée de bonne heure, et à plusieurs reprises, sur la face inférieure des feuilles [1]. Avec le prix de la main-d'œuvre chez nous, ce traitement ne serait pas praticable, excepté dans les serres à vignes ou la culture de jardin, et il vaut mieux ne pas planter beaucoup de ces variétés, qui sont très-sujettes à cette maladie.

La carie noire (the rot). Cette maladie des grains [2] est bien connue de tous les viticulteurs, à leur grand désespoir. Il y en a de plusieurs sortes. Elle domine surtout dans les sols compactes et pendant les années humides ; du moins, le climat sec de la Californie semble une sauvegarde complète contre le mildew et la carie. Quelles qu'en soient les causes, le meilleur moyen de la combattre, c'est de choisir les variétés qui soient le moins sujettes à ses atteintes et de les planter dans un sol bien drainé.

L'échaudage (sun-scald) est une autre maladie, ou probablement une autre étape du mildew. Les feuilles semblent se flétrir et se

[1] Dans la pratique, on mêle le soufre à une égale quantité de chaux bien pulvérisée, et l'on applique la poudre à l'aide de soufflets, dont on fait pour cette opération des modèles à très-bon marché. La première application se fait au mois de juin, dès que la pluie est passée ; on la répète une fois par mois pendant l'été. L'essentiel est d'assurer une distribution égale par un temps sec. Pour faire un bon travail, il faut appliquer le remède avant l'apparition de l'oïdium, et le répéter trois ou quatre fois pendant la saison.

[2] Dans mon opuscule sur les vignes américaines, j'ai déjà indiqué l'identité probable du rot des Américains avec l'anthracnose des grains, décrite jadis par Esprit Fabre et Dunal. Je reviendrai prochainement sur ce sujet, d'après de nouveaux renseignements puisés chez M. Pulliat et chez M. le professeur Targioni-Tozzetti, de Florence. — J.-E. P.

brûler. La partie attaquée devient brune, et, au bout de peu de jours, sèche et crispée. Si les feuilles sont très-abîmées par le *sun-scald*, le fruit n'arrive pas à maturité. Ceci montre l'absurdité d'enlever les feuilles pour faire mûrir le fruit mieux et plus tôt. Le *sun-scald* et le *mildew* vont souvent ensemble, et les vignes attaquées par l'un ont beaucoup de chances d'être attaquées par l'autre.

Il y a une autre espèce de champignon, appelé rouille (*rust*), et quelques autres maladies ; mais elles sont bien moins fâcheuses et bien moins redoutables que les nombreux et nuisibles

INSECTES

L'espace ne nous permet de nous arrêter que brièvement sur un petit nombre d'insectes que nous avons trouvés particulièrement nuisibles dans nos cultures. Ils sont cependant, pour la plupart, passés sous silence dans tous nos traités classiques sur la vigne, et, pour les faits qui les concernent, nous avons eu recours aux précieux Rapports entomologiques de l'Etat de Missouri.

LE PHYLLOXERA
(*Phylloxera vastatrix*)

Parmi les insectes nuisibles à la vigne, aucun n'a jamais attiré l'attention comme le phylloxera, qui, dans ses caractères essentiels, n'était pas connu quand nous avons publié la première édition de ce petit travail sur les vignes américaines. Le type gallicole de cet insecte avait été, il est vrai, remarqué depuis longtemps par nos viticulteurs, spécialement sur le Clinton, mais ils ne savaient rien du type radicicole. Fuller lui-même, — qui nous apprend que dans les célèbres pépinières de vignes de M. Grant, en 1858, les jardiniers avaient déjà l'habitude de passer leurs doigts sur les racines des jeunes vignes qu'ils expédiaient, pour les débarrasser des nodosités, — ne dit rien de l'insecte, pas plus que de tout autre insecte attaquant les racines ; et cependant, dans son excellent *Traité de la culture de la vigne indigène*, il consacre 16 pages aux insectes qui sont propres à cette plante. Au printemps de 1869, M. Jules Lichtenstein, de Montpellier, hasarda, le premier, l'opinion que le phylloxera qui attirait tant d'attention en Europe était identique avec le puceron américain à galle de la feuille, décrit pour la première fois par le Dr Asa Fitch, entomologiste de l'Etat de New-York, sous le nom de *Pemphigus vitifo-*

liæ. En 1870, le professeur Riley réussit à établir l'identité de l'insecte à galle d'Europe avec le nôtre, ainsi que l'identité des types gallicole et radicicole. La justesse de ses vues a été confirmée par les recherches ultérieures du professeur Planchon, du Dr Signoret, de Balbiani, de Cornu et d'autres savants français, et en dernier lieu du professeur Rœsler, à Klosterneuburg (Autriche)[1].

Après avoir visité la France, en 1871, et étendu ses observations ici (quelques-unes furent faites dans nos vignes de Bushberg), M. le professeur Riley nous donna, le premier, toute raison de croire « que l'insuccès de la vigne d'Europe (*Vitis vinifera*), quand on la plante ici, l'insuccès partiel de plusieurs hybrides faits avec la *V. vinifera*, et l'altération de plusieurs de nos variétés indigènes aux racines les plus tendres, sont simplement dus au travail destructeur de cet insidieux puceron ; il nous donna aussi toute raison de croire que plusieurs de nos variétés indigènes jouissent d'une immunité relative quant aux attaques de l'insecte. » — M. Laliman, de Bordeaux, avait déjà constaté la remarquable résistance de certains cépages américains au milieu de cépages d'Europe qui mouraient des effets du phylloxera. L'importance de ces découvertes pour la culture de la vigne ne saurait être trop appréciée. Le Ministre de l'agriculture en France chargea M. le professeur Planchon, de Montpellier, de visiter notre pays pour y étudier l'insecte, le mal qu'il fait à nos vignes et le pouvoir de résistance qu'elles possèdent[2]. Ses investigations non-seulement corroborèrent les conclusions du professeur Riley quant au phylloxera, mais encore lui donnèrent, et par lui aux personnes d'Europe, une connaissance de la qualité de nos raisins et de nos vins indigè-

[1] Pendant que nous mettons sous presse, nous apprenons par M. le Dr A. Blankenhorn, de Carlsruhe (Allemagne), qu'on vient de trouver le phylloxera dans trois endroits différents, à Annaberg, à Carlsruhe et à Worms, toujours sur des racines de vignes américaines qui, toutefois, ne montraient pas la moindre apparence de maladie.

[2] Le rapport du prof. Planchon vient de paraître tout récemment, sous la forme d'un petit volume, intitulé : *les Vignes américaines, leur résistance au Phylloxera et leur avenir en Europe*. Montpellier, chez Coulet, libr., 1875.

nes très-propre à dissiper une bonne partie des préjugés qui ont, jusqu'à présent, si universellement prévalu contre eux.

Discuter ce sujet comme il le mérite; donner une histoire du phylloxera, de la marche et de l'étendue de ses ravages, des expériences faites pour l'arrêter; jeter un coup d'œil sur l'influence qu'il a eue et qu'il aura probablement sur la culture de la vigne en Amérique, ce serait dépasser le but de ce court manuel. La bibliographie de ce sujet remplirait déjà une bibliothèque respectable. Nous ne pouvons ici que mentionner quelques faits et donner quelques figures qui permettront au viticulteur de reconnaître et d'observer ce petit et, cependant, si important insecte.

Nous renvoyons ceux qui désireraient des renseignements complets et certains aux Rapports entomologiques du professeur Riley, spécialement au sixième Rapport, pour 1874, où nous avons puisé largement. Il va de soi que toutes les figures ont été très-fortement grossies ; les dimensions naturelles ont été indiquées par des points entourés de ronds ou par des lignes.

La figure suivante, d'une feuille de vigne,

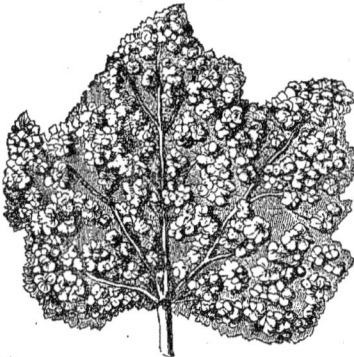

Face inférieure d'une feuille couverte de galles.

montre les galles ou excroissances produites par le type de l'insecte qui habite les galles. En ouvrant avec soin une de ces galles, nous trouvons la mère puceronne diligemment à l'œuvre, s'entourant d'œufs jaune pâle, d'un centième à peine de pouce (0m,002) de longueur, et pas tout à fait la moitié d'épaisseur. Elle est longue d'environ quatre centièmes de pouce (0m,004), d'une couleur orange

sombre, et ne ressemble pas mal à une graine de pourpier commun non mûre. Quand ils ont six ou sept jours, les œufs commencent à éclore et à donner naissance à de petits êtres actifs, qui diffèrent de leur mère par leur couleur jaune plus clair, leurs jambes plus parfaites, etc. En sortant de l'ouverture de la galle, ces jeunes pucerons se répandent sur

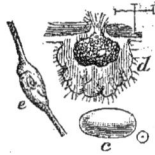

TYPE GALLICOLE :
c, œuf ; d, section de galle ; e, renflement de vrille.

la vigne, la plupart d'entre eux se dirigeant vers les feuilles terminales, qui sont tendres ; ils commencent à sucer et à s'approprier la sève, forment des galles et déposent des œufs, comme leurs parents immédiats l'avaient fait avant eux. Cette marche se poursuit pendant l'été , jus-

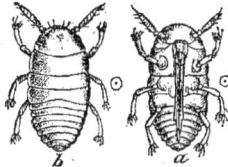

LARVE NOUVELLEMENT ECLOSE :
a, vue par-dessous; b, vue de dos.

qu'à la cinquième ou sixième génération. Chaque œuf met au jour une femelle féconde, qui devient bientôt d'une étonnante fécondité.

A la fin de septembre, les galles sont pour la plupart abandonnées, et celles qui sont vides sont habituellement infestées de moisissure et quelquefois tournent au brun et se décomposent. Les jeunes pucerons se fixent aux racines et hivernent ainsi. C'est un fait important que l'insecte habitant les galles ne se présente que sous la forme de femelle agame et aptère. Ce n'est qu'un état transitoire d'été, nullement essentiel à la perpétuation de l'espèce, et qui ne fait , comparativement à l'autre, celui du type habitant les racines, qu'un mal insignifiant. Il ne prospère que sur

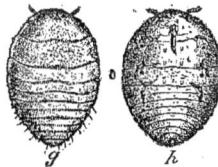

MÈRE PUCERONNE DES GALLES,
vue de face et vu e de dos.

les Riparia, plus spécialement sur le Clinton et le Taylor. Quelques-unes de ces galles ont été constatées sur quelques autres variétés, et des tentatives infructueuses ont été faites souvent pour les établir sur d'autres. Dans certaines années, il est même difficile de trouver quelques galles sur des vignes où elles étaient très-abondantes l'année précédente.

Le type radicicole du phylloxera hiverne le plus souvent à l'état de jeune larve, fixée aux racines et d'une couleur si foncée, qu'elle est généralement d'un brun cuivré sombre; elle est, par suite, difficile à apercevoir, les racines ayant souvent la même couleur.

A la reprise de la végétation, au printemps, cette larve mue, grossit rapidement et commence bientôt à déposer des œufs. Au moment voulu, ces œufs donnent naissance à de jeunes mères, qui deviennent bientôt adultes, déposent des œufs comme les premières et, comme elles, restent toujours aptères. Cinq ou six générations de ces mères donnant des œufs se succèdent l'une à l'autre, quand, vers le milieu de juillet, sous la latitude de Saint-Louis, quelques individus commencent à acquérir des ailes et continuent à sortir de terre

PHYLLOXERA MÂLE, vu de face.

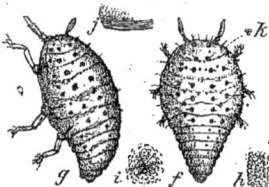

jusqu'à ce que la vigne cesse de végéter, en automne. Sortis de terre à l'état de nymphe, ils s'élèvent dans l'air et se répandent sur de nouveaux vignobles, où ils se débarrassent de leur progéniture sous la forme d'œufs, et puis périssent. Au bout de quinze jours, ces œufs, qui sont probablement dépo-

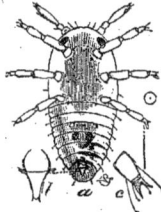

TYPE RADICICOLE, montrant les tubercules qui le distinguent du type gallicole.

sés dans les crevasses à la surface du sol, près du pied de la souche [1], produisent des

[1] C'est ainsi que M. Riley a vu la ponte se faire dans des conditions de captivité de l'insecte ailé; mais on sait que M. Balbiani

individus sexués, qui ne sont pas nés pour autre chose que pour la reproduction de leur espèce, et sont sans aucuns moyens de voler ou de prendre de la nourriture. Ils sont très-actifs et s'accouplent de suite.

Tout morceau de racine ayant des radicelles, arraché d'une vigne malade en août ou septembre, présente une bonne proportion de nymphes, et un tube de verre rempli de ces racines et bien fermé fournira journellement, pendant un certain temps, une douzaine ou plus de femelles ailées, qui se rassembleront sur les parois du tube vers la lumière. Nous pouvons, par ce fait, nous former une idée du nombre immense qui se disperse dans les airs, vers de nouveaux champs, d'un simple acre de vignes malades, vers la fin de l'été et en automne. Nous avons donc le spectacle d'un insecte qui, sous terre, est doué de la faculté de continuer son existence, même quand il est confiné dans ses retraites souterraines. A l'état aptère, il se répand de cep en cep et de vignoble en vignoble, quand ceux-ci sont contigus, soit à travers les fissures du sol lui-même, soit par sa surface. En même temps il peut, sous sa forme ailée, émigrer à de beaucoup plus grandes distances.

Si à l'exposé qui précède nous ajoutons que quelquefois, dans des conditions spéciales, il est des individus qui abandonnent leur manière d'être souterraine normale, et qui forment des galles sur certaines variétés de vigne, nous aurons, d'une manière générale, l'histoire naturelle de cette espèce.

La planche ci-jointe (pag. 49) montre le renflement anormal des radicelles, qui suit la piqûre du puceron. Ces radicelles pourrissent souvent, et l'insecte les abandonne et se transporte sur des radicelles fraîches. A mesure que celles-ci se décomposent, les pucerons se rassemblent sur les parties plus grosses de la racine, jusqu'à ce qu'enfin le système radiculaire soit littéralement détruit.

Pendant la première année de l'attaque, c'est à peine s'il y a quelques signes de mal extérieur. C'est seulement la seconde et la troisième année, — quand les racines fibreu-

et M. Boiteau ont vu l'œuf provenant des femelles sexuées être le plus souvent déposé sous les écorces des ceps ou dans les crevasses des échalas.

J.-E. P.

ses ont disparu et que les pucerons, non-seulement empêchent la formation de nouvelles racines, mais encore s'établissent sur les racines plus fortes, qui souvent aussi se désorganisent et pourrissent, — c'est alors seulement que les symptômes extérieurs de la maladie deviennent manifestes par l'aspect maladif, jaunâtre, de la feuille, et la végétation

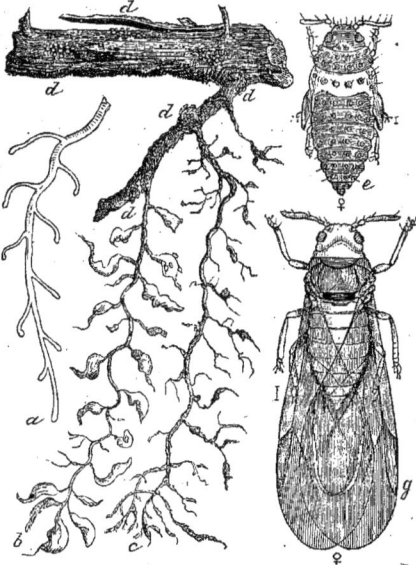

TYPE RADICICOLE : *a*, racine saine ; *b*, racine sur laquelle les pucerons sont à l'œuvre; elle représente les nodosités et les bousouflures déterminées par les piqûres des insectes; *c*, racine qu'ils ont abandonnée, et dont les radicelles ont commencé à périr ; *d, d, d,* montrent comment les pucerons sont placés sur les plus grosses racines ; *e*, nymphe femelle, vue de dos; *g*, femelle ailée, vue de dos.

rabougrie du sarment; puis la vigne meurt. Quand la vigne est près de mourir, il est généralement impossible de découvrir la cause de la mort, les pucerons l'ayant abandonnée à l'avance pour de nouvelles pâtures.

Comme c'est fréquemment le cas avec des insectes nuisibles, le phylloxera montre une préférence pour certaines espèces et y prospère mieux que sur d'autres. Il distingue même entre les variétés, ou, ce qui pratiquement revient au même, certaines espèces ou

variétés résistent à ses attaques et jouissent d'une immunité relative. La connaissance de la susceptibilité relative des différentes variétés aux attaques et aux ravages de l'insecte est donc d'une importance capitale. On trouvera dans notre Catalogue des renseignements sur ce sujet, soit dans la *Description des variétés* soit dans les notes de la *Classification des espèces*, du Dr Engelmann (p. 11-24). Ces renseignements sont basés sur les recherches du professeur Riley, s'ajoutant à des observations et à des expériences attentives faites, pendant ces quatre dernières années, par nous-mêmes et par nos divers amis de France et d'ici. On ne peut pas exactement affirmer les raisons pour lesquelles certaines vignes jouissent d'une semblable immunité, tandis que d'autres succombent si vite; mais, d'une manière sommaire, on peut dire qu'il y a relation entre la sensibilité de la vigne et la nature de ses racines, les variétés à végétation lente, à bois plus tendre et, par conséquent, à racines plus tendres, étant celles qui succombent le plus promptement.

Nous voyons, dans ce pouvoir de résistance de nos vignes vraiment indigènes, une vérification remarquable de cette loi que Darwin a si habilement établie et qu'il a exprimée par cet aphorisme : « *la survivance des mieux doués* » (*the survival of the fittest*).

Le professeur Riley, en expliquant pourquoi l'insecte est plus nuisible en Europe qu'ici, dit: « Il existe une certaine harmonie entre la faune et la flore d'un pays, et nos vignes indigènes sont ainsi faites que, par leurs particularités propres, elles ont le mieux résisté aux attaques de l'insecte. La vigne d'Europe, au contraire, succombe plus vite, non-seulement à cause de sa nature plus frêle et plus délicate, mais encore parce qu'elle n'a pas été habituée à la maladie. Il y a, sans aucun doute, un parallèle à établir entre ce cas et le fait bien connu, que les maladies et les parasites, qui sont comparativement peu nuisibles parmi les populations qui y sont habituées depuis longtemps, prennent un caractère de violence souvent fatal, quand ils sont introduits pour la première fois parmi des populations non atteintes jusqu'alors. De plus, les ennemis naturels de l'insecte qui lui sont particuliers et appartiennent à sa propre classe, et qui contribuent ici à le maintenir dans de certaines limites, manquent en Europe; et il faudra un certain temps pour que les espèces carnivores d'Europe qui sont l'équivalent de celles d'Amérique lui fassent la chasse et le tiennent en échec dans la même mesure qu'ici. Le phylloxera, toutes choses égales d'ailleurs, aura aussi un avantage dans ces contrées, où la douceur et la brièveté des hivers permettent un accroissement dans le nombre annuel de ses générations. Enfin, les différences de sol et de modes de culture ne sont pas sans importance dans la question. Quoique le phylloxera, sous ses deux formes, se retrouve sur nos vignes sauvages, il est très-douteux que de pareilles vignes dans l'état de nature soient jamais tuées par lui. Avec leurs bras s'étendant au loin et embrassant arbres et buissons, avec leur végétation de lianes, que le ciseau du vigneron ne gêne pas, ces vignes ont une longueur et une profondeur de racines correspondantes qui les rendent moins sensibles aux ravages d'un ennemi souterrain. Notre propre méthode de culture en treillis se rapproche plus de ces conditions naturelles que les méthodes usitées dans les districts ravagés de France, où la vigne est cultivée très-serrée et traînant sur le sol, ou bien supportée par un simple échalas. »

Après avoir parlé des grandes quantités de femelles ailées qui s'élèvent du sol à la fin de l'été et en automne, M. Riley ajoute encore, dans un récent article du *New-York Tribune*, la puissante raison que voici : « La femelle ailée du phylloxera est emportée et dépose ses œufs, ou, en d'autres termes, se débarrasse de sa progéniture partout où elle se trouve établie. Si c'est sur la vigne, les jeunes vivent et se propagent; si c'est sur d'autres plantes, ils périssent. Nous avons ainsi le spectacle d'une espèce se prodiguant elle-même dans une mesure plus ou moins grande, précisément comme, dans le règne végétal, un grand nombre d'espèces produisent une surabondance de graines, dont la plus grande partie est destinée à périr. Ainsi, dans les vignobles de France, où la vigne est plantée si serrée, peu d'insectes ailés doivent manquer de s'établir là où leur progéniture pourra leur survivre; tandis qu'en Amérique, un nombre immense périt chaque année dans les vastes espaces où d'autres végétations séparent nos vignobles les uns des autres. »

Grâce au stimulant d'une forte récompense (300,000 fr.) consacrée à ce but par le gouvernement français, d'innombrables procédés ont été proposés et de nombreuses expériences ont été faites pendant ces cinq dernières années; mais on n'a découvert encore aucun remède qui donne une entière satisfaction ou qui soit applicable à toutes les conditions de sol. La submersion est un remède efficace; mais, dans la plupart des vignobles, et spécialement dans les meilleurs, ceux des coteaux, elle est impraticable. Un mélange de sable dans le sol est aussi de quelque secours, le puceron ne prospérant pas dans les terrains sablonneux. On indique maintenant le sulfocarbonate de potasse et le coaltar, comme pouvant détruire le phylloxera.

M. Marès, comme président de la Commission instituée par le Ministre, dans son Rapport sur les divers modes (140) de traitement essayés de 1872 à 1874, assure que les engrais riches en potasse et en azote, mélangés de sulfates alcalins ou terreux, les résidus des eaux-mères, la suie, les cendres de bois, l'ammoniaque ou la chaux grasse, ont donné les meilleurs résultats. Le professeur Roessler croit aussi au succès en combattant l'insecte avec de l'engrais et des phosphates, de l'ammoniaque et de la potasse, traitement qui réussit dans les sols poreux; et, pour obtenir cette porosité, il se sert de la dynamite, qui remue le sol à une grande profondeur sans faire mal à la vigne. Il met ensuite un peu de chaux et de phosphore au pied de la souche, et il arrose. L'humidité fait dégager un gaz qui détruit de grandes quantités d'insectes. Mais les viticulteurs ne paraissent pas croire à ces remèdes insecticides ou les considèrent comme peu pratiques, trop coûteux et d'une application trop laborieuse. Beaucoup préfèrent avoir largement recours à la plantation de cépages américains, la plupart avec l'intention d'y greffer leurs propres variétés. Toutefois, en Allemagne, on a interdit, par une loi, l'importation de nos plants de vignes et de nos sarments, pour prévenir l'introduction de l'insecte redouté.

Si une semblable mesure peut être une sage précaution là où l'insecte n'existe pas, nous craignons qu'elle ne vienne *trop tard*. L'existence de cet insecte depuis plusieurs années en France, ainsi qu'en Angleterre ; sa découverte en Suisse et dans plusieurs localités d'Allemagne, tout tend à réduire à néant l'objet même de cette prohibition, qui est de préserver de l'infection les vignobles allemands. Riley et Planchon ont établi le fait que l'insecte est indigène dans le continent nord-américain, à l'est des Montagnes Rocheuses, et il y a peu de doute à avoir qu'il a été importé pour la première fois en Europe sur des vignes américaines. Il ne faut cependant pas supposer que nos vignes américaines soient toutes nécessairement infestées de phylloxeras, ou que l'insecte ait été introduit dans toute localité où l'on a planté de nos vignes. Au contraire, il y a des localités où, par suite de l'isolement des vignobles ou de la nature du sol, il est difficile de trouver l'insecte, et, comme beaucoup d'autres espèces indigènes, il y est dans certaines années très-abondant et très-nuisible ; dans d'autres, on le voit à peine. Il n'y a pas jusqu'à présent de preuve certaine qu'il puisse être importé par les boutures, quoiqu'un pareil mode de transport ne soit pas impossible. Il faut se rappeler aussi que des vignes importées à la fin de l'hiver ou au commencement du printemps ne peuvent pas transporter l'insecte autrement que sous la forme d'œuf ou de larve, aucun insecte ailé n'existant alors et ne pouvant s'échapper en chemin ou au moment de l'ouverture des caisses. Aussi, tandis que nous reconnaissons qu'il est sage de prohiber l'importation des vignes américaines dans les districts non infestés, il nous paraîtrait déraisonnable d'enlever à des districts atteints déjà l'usage des vignes américaines, qui résistent aux attaques de l'insecte. Le danger d'importer le puceron serait évité si, au moment du déballage, on mettait les plants ou les boutures dans un bain de forte eau de savon. Toutefois la grandeur du mal justifie même des mesures extrêmes,

LA CICADELLE DE LA VIGNE

The grape Leaf-Hopper
(*Erythroneura Vitis*)

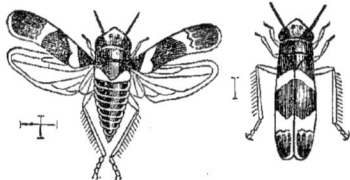

Très-généralement, mais à tort, appelé *Thrips*. C'est un des insectes les plus ennuyeux auxquels le vigneron ait affaire : c'est un petit être très-actif, courant de côté comme un crabe, et se rejetant lestement de l'autre côté quand on l'approche. Il saute vigoureusement, et se rassemble en grandes troupes sur le dessous de la feuille, suçant la sève, déterminant ainsi de nombreux points bruns morts, et tuant souvent la feuille entièrement. Une vigne bien envahie par ces insectes a un aspect tacheté, rouillé et maladif, tandis que les feuilles tombent souvent prématurément et que le fruit, par suite, n'arrive pas à maturité. Il y en a plusieurs espèces qui attaquent la vigne, toutes appartenant au même genre et ne différant que par la couleur. Les entomologistes n'ont pas raconté l'histoire naturelle de cet insecte, mais le professeur Riley nous apprend que les œufs sont déposés dans les pédoncules des feuilles. On recommande dans les livres l'eau de tabac et les solutions de savon en seringages sur les vignes. Mais nous recommanderions de passer le soir, entre les rangées, avec une torche, d'enduire les piquets au printemps avec du savon ou une autre substance gluante, et de brûler les feuilles en automne. Les insectes volent vers la lumière de la torche, et, comme ils passent l'hiver sous des feuilles, sous l'écorce soulevée des piquets, etc., la propreté dans le vignoble et aux environs est de première importance pour combattre leurs ravages. Le remède de la torche est surtout efficace quand trois personnes travaillent de concert, l'une entre deux rangées avec la torche, et les deux autres chacune à l'une des extrémités des deux rangées, pour imprimer un léger mouvement au treillis et déranger les insectes[1].

[1] Cet insecte est représenté en France par la

L'ENROULEUSE DE LA VIGNE

The grape Leaf-Folder

(Desmia maculalis)

C'est une chenille d'une couleur vert de verre, très-active, se tordant, sautant et se retournant de tous côtés chaque fois qu'on la touche. Elle plie plutôt qu'elle n'enroule la feuille, en en assujettissant ensemble deux parties au moyen de ses fils de soie. La chrysalide se forme dans le pli de la feuille. La phalène est distinctement marquée de blanc et de noir, toutes les ailes étant bordées et tachées, comme on le verra dans les planches ci-jointes. Le mâle

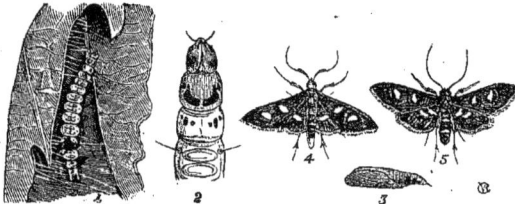

fâcheux ennemis de la vigne dans le Missouri. Il fait son apparition pendant le mois de juin, et a généralement disparu à la fin de juillet. Quand il est abondant, il ronge les feuilles au point de les réduire à de simples fils. Heureusement, cet insecte tombe par terre au moindre dérangement, et nous met ainsi à même de le tenir en échec en prenant une grande cuvette avec un peu d'eau, et en la tenant sous lui. Au moindre bruit, l'animal tombe dans le plat. Quand vous en avez pris ainsi un bon nombre, jetez-les au feu ou versez de l'eau chaude sur eux. M. Poeschel, de Hermann, avait élevé une nombreuse couvée de poulets, et les avait si bien dressés que tout ce qu'il avait à faire, c'était de les conduire dans la vigne, avec un petit garçon en tête pour secouer les vignes attaquées. Les poulets avalaient tous les insectes qui tombaient sur le sol. L'année suivante, il pût à peine trouver un seul *Fidia*[1].

DESMIA MACULALIS : 1, larve ; 2, tête et anneaux thoraciques grossis ; 3, chrysalide ; 4, 5, papillons mâle et femelle.

se distingue de la femelle par ses antennes coudées, épaissies vers le milieu, tandis que celles de la femelle sont simples et semblables à un fil. Les papillons paraissent au printemps, mais les chenilles ne sont pas nombreuses avant le milieu de l'été. Un bon procédé pour tuer ces chenilles, c'est de les écraser subitement avec les mains dans la feuille même. La dernière génération passe l'hiver à l'état de chrysalide, au milieu des feuilles mortes, et l'on peut faire beaucoup pour en combattre les ravages, qui, dans certaines années, sont très-sérieux, en ratissant et en brûlant en automne les feuilles mortes[1].

LE FIDIA DE LA VIGNE

The grape-vine Fidia

(Fidia viticida)

Ce scarabée, appelé souvent à tort la Punaise[2] du Rosier (*Rose-bug*), est un des plus

LE CAPRICORNE GÉANT

The Gigantic Root-Bourer

(Prionus laticollis)

On rencontre souvent ce grand perforeur, à l'état de larve, dans les racines ou près des racines de plusieurs espèces de plantes, telles que le pommier, le poirier et la vigne, à laquelle il fait beaucoup de mal. Il suit les racines, les détruisant entièrement dans plusieurs cas; en sorte que les vignes meurent bientôt. Quand il a atteint tout son développement, il abandonne les racines où il habitait et s'arrange dans la terre une chambre unie, ovale, où il prend la forme de larve. Si les racines sont plus fortes, il y reste pour y accomplir ses métamorphoses. L'insecte parfait est un scarabée gros, brun foncé, qui fait son apparition vers la fin de juin, et est très-commun en été et en automne; il pénètre souvent, d'un vol lourd et bruyant, dans les appartements éclairés. Le

---

Cicadelle à pieds verts (*Typhlocyba viridipes*), très-commune à Montpellier.— J. LICHTENSTEIN.
[1] Cet insecte est représenté en France par la Pyrale.— J. LICHT.
[2] Le mot « bug » signifie punaise *en anglais*; mais, *en américain*, il désigne tout insecte en général. — J. LICHT.

[1] Cet insecte est remplacé chez nous par l'Écrivain ou Gribo uri (*Bromius vitis*).
　　　　　　　　　　　　J. LICHT.

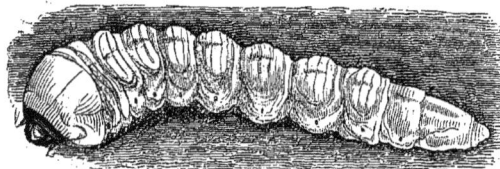

PRIONUS LATICOLLIS

professeur Riley a montré que cet insecte n'attaque pas seulement les vignes et les arbres vivants, mais qu'il vit aussi dans les troncs de chênes morts, et qu'il peut voyager à travers le sol, d'un endroit à un autre. Il tire de ces faits cette conclusion importante, qu'il ne convient pas de laisser pourrir les troncs de chêne sur un sol destiné à porter de la vigne, fait que notre propre expérience confirme. On ne peut pas faire grand'chose pour extirper ces larves souterraines, leur présence n'étant révélée que par la mort de la souche. Toutes les fois que vous trouvez des vignes mortes soudainement, sans cause connue, recherchez le perforeur, et, si vous en trouvez un (nous n'en avons jamais trouvé qu'un à chaque arbre ou à chaque vigne), mettez fin à son existence [1].

L'ALTISE BLEU D'ACIER DE LA VIGNE
The Grape-vine Flea-Beetle
(*Haltica chalybea*)

Comme toutes les altises (*Flea beetles*), cet insecte a les membres de derrière fortement gonflés et, grâce à eux, il peut sauter à droite et à gauche très-vigoureusement. Il est, par suite, très-difficile à capturer. La couleur de l'insecte varie du bleu d'acier au vert métallique et au pourpre. Les insectes parfaits passent l'hiver en état de torpeur sous n'importe quel abri, tel que des débris d'écorce, des fissures de pieux, etc., et se remettent en activité de très-bonne heure, au printemps, faisant le plus grand mal, à cette époque précoce, en perçant et en évidant les bourgeons qui ne sont pas encore ouverts. A mesure que les feuilles se développent, ils s'en nourrissent, et bientôt s'accouplent et déposent en chapelets sur le dessous de la feuille leurs pe-

tits œufs orangés. Ces œufs éclosent bientôt sous forme de larves foncées, qu'on trouve de toutes les dimensions à la fin de mai et au commencement de juin, généralement sur le dessus de la feuille qu'elles rongent, dévorant tout, excepté les plus grosses ner-

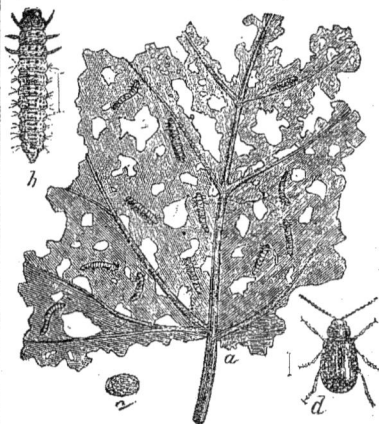

a, larve, grandeur naturelle ; *b*, larve, grossie; *c*, cocon ; *d*, chenille, grossie.

vures. La poussière de chaux tue les larves, mais il faut attraper l'insecte parfait pour le tuer [1].

COCHYLIS DU GRAIN DE RAISIN [2]
The Grape-Berry Moth
(*Lobesia botrana*).

Cet insecte a attiré l'attention pour la pre-

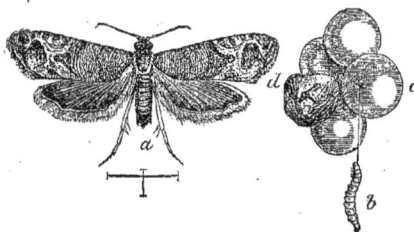

a, papillon ; *b*, ver; *c*, trou pratiqué dans le grain; *d*, grain pourri.

[1] Cet insecte est chez nous remplacé par l'Altise (*Haltica ampelophaga*). — J. LICHT.
[2] Cet insecte est remplacé en France par deux espèces du genre *Cochylis*. — J. LICHT.

[1] Cet insecte est remplacé chez nous par le *Clytus ornatus*.   J. Licht,

6

mière fois, il y a sept ans environ. Vers le 1ᵉʳ juillet, les raisins attaqués par le ver commencent à montrer un point décoloré là où le ver est entré. En ouvrant ce raisin, on en trouve l'habitant à l'extrémité d'un canal sinueux. Il continue à se nourrir de la pulpe du fruit, et, en arrivant aux pepins, il en mange généralement l'intérieur. Dès qu'on touche le raisin, le ver en sort et, se suspendant au fil de soie qui s'allonge de sa filière, se laisse couler sur le sol à moins qu'on n'ait le soin de l'en empêcher. Le cocon est souvent formé sur les feuilles de la vigne, d'une manière essentiellement caractéristique. Le ver découpe proprement dans la feuille une pièce ovale, dont il laisse le côté adhérent comme charnière; il replie la pièce sur la feuille, en assujetit le bord libre au moyen de fils, et se forme ainsi une bonne petite maison dans laquelle il se transforme en chrysalide. Environ dix jours après que cette dernière métamorphose a eu lieu, la chrysalide se dégage du cocon, et le petit papillon, représenté par la planche de la page 53 (les lignes en indiquent la grandeur naturelle) prend son vol. Comme remède, nous recommandons d'enlever tous les grains tombés et d'en faire du vinaigre ; en séparant le liquide d'avec le marc, on trouve des quantités innombrables de ces vers dans le dépôt. Le Dʳ Packard avait nommé cet insecte *Penthina vitivorana;* mais le profʳ Riley nous apprend que c'est probablement une importation d'Europe, où il est connu sous le nom de *Lobesia botrana* [1].

LE PETIT HANNETON DU ROSIER
The Rose-Chafer
(*Macrodactylus subspinosus*)

Connu sous le nom impropre de punaise du Rosier (*Rose-bug*), ce scarabée est nuisible à diverses plantes, mais spécialement redoutable pour les vignes dans certaines années. Voici ce qu'en dit le professeur Riley :

« C'est une de ces espèces dont la larve se » développe sous terre et qu'on ne peut pas

---

[1] Nous ne pouvons rien dire de cette synonymie, sinon que Kaltenbach, dans son ouvrage intitulé : « *die Planzen-Feinde aus der*

» bien atteindre pendant cette période de leur » vie. Il faut lutter avec elle sous sa forme d'in- » secte parfait, et il n'y a pas d'autre moyen » que de la prendre avec la main, ou de la » secouer et de la faire tomber dans des ré- » cipients ou sur des feuilles de papier. Ce » travail peut être grandement facilité en se » faisant un auxiliaire des goûts et des pré- » férences de l'insecte. Il montre une grande » prédilection pour le Clinton et ses proches, » parmi toutes les autres variétés de vignes ; » il se portera sur cette variété et laissera » les autres tranquilles, là où il en aura la » facilité. Avis à ceux qui souffrent de ses » ravages. »

LE CHARANÇON DE LA VIGNE
The Grape Curculio
(*Cœliodes inœqualis*)

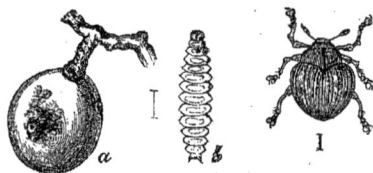

a, grain attaqué; *b*, larve; *c*, insecte parfait; le trait noir indique la grandeur naturelle

La larve de ce charançon infeste les raisins en juin et juillet. Elle pratique un petit trou noir dans la peau du grain et détermine immédiatement à l'entour une décoloration, comme on le voit dans la planche ci-jointe. Du milieu à la fin de juillet, cette larve abandonne les grains et s'enterre à quelques pouces dans le sol. Au commencement de septembre, l'insecte parfait sort de terre et sans doute passe l'hiver à l'état de scarabée, prêt à piquer les raisins de nouveau aux mois de mai et de juin suivants. Ce charançon est petit et peu visible, étant d'une couleur noire teintée de gris. Il est représenté ici ; la ligne au-dessous en montre la grandeur naturelle. Cet insecte est très-nuisible dans certaines années; dans d'autres, à peine remar-

---

insecten », p. 95, mentionne, sous le nom de *Grapholita botrana*, une petite chenille de la vigne qui se chrysaliderait sous les écorces des ceps, et non sur la feuille même de la vigne. — J.-E. P.

qué : il est alors très-probablement tué par des parasites. C'est ainsi que la nature travaille : « Mange et sois mangé, tue et sois tué », est une de ses lois universelles; et nous ne pouvons jamais dire avec certitude que, parce que tel insecte est abondant une année, il le sera aussi l'année suivante.

Tous les grains attaqués, au fur et à mesure qu'on les remarque, doivent être ramassés et détruits, et le scarabée peut être enlevé au moyen de feuilles de papier, comme on le fait pour le charançon du prunier.

Il a plusieurs chenilles de noctuelles (*Cut Worms*) qui mangent les jeunes pousses de la vigne et les emportent dans le sol au-dessous; elles ont détruit, ou du moins arrêté, plus d'une jeune vigne. On peut trouver et détruire facilement ces chenilles en les recherchant sous les mottes de terre au-dessous des jeunes ceps.

Il y a plusieurs autres insectes nuisibles à la vigne :— de gros vers vivant isolés, — des insectes qui déposent leurs œufs dans les sarments, — d'autres qui font des galles curieuses, etc. ; mais le lecteur qui désire faire leur connaissance n'a qu'à recourir aux Rapports de M. Riley.

A part les insectes, vous aurez d'autres ennemis à combattre : les renards et les oiseaux, et le pis de tout, certains êtres à deux jambes, sous forme humaine — les voleurs, — qui vous voleront vos raisins si vous ne faites pas bonne garde et si vous ne les menacez pas de les tenir au large avec de la poudre. C'est ce que nous faisons.

CUEILLETTE DU FRUIT

Que ce soit pour la table ou pour la cuve, ne cueillez pas le raisin avant sa parfaite maturité. La grappe se colore avant de mûrir. Quelques-unes le font plusieurs semaines auparavant. Mais, quand elles sont tout à fait mûres, le pédoncule tourne au brun et se flétrit un peu. Dans les meilleures espèces, la douceur et l'arome du jus ne sont pleinement développés que lorsque la maturité est parfaite. Nous considérons les variétés mûrissant tard comme bien supérieures, surtout pour le vin, aux espèces précoces, mais, bien entendu, seulement dans les localités où les raisins *tardifs* peuvent mûrir. Ce noble fruit ne mûrit pas, comme d'autres, une fois cueilli.

Ramassez toujours vos raisins par le beau temps, et, avant de commencer, le matin, attendez que la rosée se soit évaporée. Coupez les grappes avec un couteau ou des ciseaux, et enlevez les grains non mûrs ou malades, s'il y en a, en prenant garde toutefois de ne pas enlever la fleur, non plus que les grains détachés, si vous les destinez au marché ou si vous devez les conserver pour l'hiver.

Pour emballer les raisins pour le marché on se sert de boîtes étroites, en contenant de 3 à 10 livres, et spécialement fabriquées pour cet objet dans les principaux pays à vignobles : ces boîtes coûtent environ un *cent* (cinq centimes) par livre de contenance. En emballant, on cloue d'abord le dessus de la boîte et on met en dedans une feuille de fin papier blanc ; puis on y place des grappes entières de raisin. Les vides sont remplis avec des morceaux de grappe, de manière que tout l'espace soit occupé et toute la boîte emballée aussi juste et aussi pleine que possible, sans que les raisins soient gênés. On place une autre feuille de papier par-dessus, et l'on cloue le fond de la boîte. De cette manière, quand on ouvre la boîte, on trouve toujours des grappes entières au-dessus.

On peut conserver les raisins pendant plusieurs mois, si l'on dispose d'une chambre fraîche ou d'une cave où la température puisse être maintenue entre 35° à 40° (1°,67 à 4°,44 centigrades). Dans une atmosphère chaude et humide, les raisins ne tardent pas à pourrir. M. Fuller recommande de les porter d'abord dans une pièce fraîche, de les étendre et de les laisser ainsi pendant quelques jours, jusqu'à ce que l'excès d'humidité ait disparu ; puis de les empaqueter dans des boîtes, en plaçant les grappes serrées les unes contre les autres, avec d'épaisses feuilles de papier entre chaque couche. Les boîtes une fois remplies, placez-les dans un endroit frais ; examinez-les de temps en temps et enlevez les grains pourris au fur et à mesure qu'ils se montrent. Si l'endroit est frais et le fruit mûr et *sain*, vos raisins se conserveront deux ou quatre mois. Une autre méthode qui permet quelquefois de conserver les raisins jusqu'à la fin de mars, surtout en France, est la suivante : on coupe une branche portant deux grappes ; on place le bout inférieur de cette grappe dans une petite bouteille pleine d'eau, à travers un bouchon percé ; on garnit de cire à cacheter le bout supérieur de la branche, ainsi que le bouchon. Un peu de poudre de charbon mise dans l'eau en maintient la pureté. On place alors les bouteilles dans une chambre fraîche et sèche, où la température est bien égale et ne descend jamais au-dessous de 0 centigrade. Il faut que les bouteilles soient droites (ce qu'on obtient habituellement au moyen d'un râtelier fait exprès) et que les grappes ne se touchent pas l'une l'autre ; il faut aussi avoir soin d'enlever tous les raisins imparfaits dès qu'ils montrent quelque symptôme de détérioration Mais peu de personnes peuvent prendre tant de soins, et encore moins avoir un fruitier dont la température puisse être maintenue si basse (4 degrés centigrades).

Dernièrement, nous avons vu et goûté des raisins de Concord conservés en un bel état de fraîcheur, dans une jarre poreuse non vernissée, fabriquée *ad hoc* par T.-J. Price, Macomb, Ills, qui dit : « Il faut placer les grappes de raisin dans les jarres dès qu'elles viennent d'être cueillies, et les emporter ensuite dans la cave ou le sous-sol, ou quelque emplacement frais, où elles puissent avoir à la fois de l'aération et de l'humidité. Si vous les placez dans une pièce au-dessus du sol, arrosez le plancher de temps à autre et laissez arriver l'air de la nuit jusqu'à l'époque des gelées. Quand ces jarres sortent du four, on fait pénétrer dans leurs pores une solution saline, et l'on enduit l'intérieur d'une eau de chaux grossière et épaisse. La solution saline des pores a pour but d'absorber l'humidité et par là de produire à l'intérieur de la jarre une température égale et fraîche ; la chaux est destinée à prévenir la moisissure. Ces jarres peuvent servir d'année en année ; seulement, il faut au préalable les imbiber d'une forte saumure, et puis les blanchir à l'intérieur avant de les remplir de nouveau de raisins. » Si les raisins s'y conservent aussi aisément et aussi bien que ceux que nous avons vus au mois de janvier dernier (1875), ces jarres sont réellement une précieuse nouveauté.

Mais le meilleur moyen de conserver le jus excellent du raisin, avec ses délicieuses qualités constitutives, sous une forme concentrée et presque impérissable, c'est d'en faire du vin.

CATALOGUE DESCRIPTIF

NOTE POUR LE LECTEUR

Les descriptions suivantes de nos variététés américaines sont probablement les plus complètes qui aient paru jusqu'à présent ; mais toute description est nécessairement insuffisante, et les planches elles-mêmes ne sont que d'un secours incomplet. Ce n'est qu'en se familiarisant avec les caractères de l'espèce à laquelle appartient chaque variété qu'on peut arriver à une intelligence complète de ces descriptions. Nous avons, par suite, joint à chaque variété l'espèce dont elle paraît se rapprocher le plus, ou d'où elle dérive. Nous donnons d'abord le nom normal en gros caractères, puis les synonymes en petites lettres majuscules, enfin l'espèce en italiques, avec les abréviations suivantes : (*Cord.*) pour Cordifolia, ou plutôt Riparia ; (*Labr.*) pour Labrusca et (*Æst.*) pour Æstivalis (Voyez pages 14 à 21).

Les descriptions des variétés *que nous rejetons et que nous ne propageons pas*, comme aussi celles de nouvelles variétés qui ne sont pas encore répandues, sont imprimées en plus petits caractères. Les descriptions des variétés plus importantes, imprimées en plus gros caractères, contiennent des notes sur les racines et la végétation du bois, données pour la première fois et basées uniquement sur nos observations. Avec des conditions différentes de sol, de climat et d'autres circonstances, il peut y avoir quelques variations. En parlant des sarments et de la végétation du bois, nous nous référons à la manière d'être naturelle de sarments de vignes prospères, saines, poussant librement et n'étant asservies, par le pincement ou la conduite, à aucun système donné.

Quand nous mentionnons le poids du moût, c'est pour indiquer la quantité de sucre d'après l'échelle d'Œchsle, et l'acide en millièmes à l'acidomètre de Twitchell.

Adirondac. (*Labr.*) Originaire de Port-Henry, comté d'Essex, N.-Y. (signalé pour la première fois en 1852). Probablement un semis d'Isabelle, auquel il ressemble beaucoup pour la végétation et le feuillage. Mûrit de très-bonne heure, — environ à la même époque que l'Hartford prolific. — *Grappe* grosse, compacte, non ailée; *grain* gros, oblong, noir, couvert d'une fleur délicate, transparent, à pulpe tendre; peau mince; juteux et vineux; qualité très-bonne, « quand vous pouvez l'obtenir. » — « D'une réussite incertaine ». — Un des types qui rappellent le plus la vigne d'Europe. — Husmann.

Ne rapporte pas en général d'une manière satisfaisante. Végétation lente, délicate. Déjeunes vignes ont ici le *mildew* et de vieilles vignes ont besoin d'abri. Fleurit de bonne heure; le fruit souffre des gelées tardives. Racines très-faibles et délicates. Vin d'un bouquet agréable; peu de sucre et d'acide.

Advance. — Un des nouveaux semis de M. Rickett[1], croisement entre le Clinton et le Black Hamburg. « Raisin de qualité supérieure, et, dans l'ensemble, peut-être en progrès sur tous les autres semis de M. Rickett. Le *grain* est noir, avec une légère fleur bleue, rond-ovale; *grappe* grosse, longue et ailée; chair trop bonne pour être décrite, excepté au

[1] Voy. Rickett's *Seedling Grapes* (*Vignes de semis* de Rickett).

point de vue pomologique ; je pense donc qu'il faut en dire qu'elle est excellente.» — F.-R. Elliot, N.-Y.

Grappe grosse, *grain* moyen, peau mince, presque pas de pulpe ; doux et plein de feu ; décidément le meilleur raisin précoce que nous ayons jamais rencontré. Plante saine, vigoureuse et productive ; mais le fruit a malheureusement pourri cette année. Pleinement mûr en ce moment, 30 juillet 1874. — Sam. Miller, Bluffton, Missouri.

Alexander. Synon.: Cape, Black Cape, Schuylkill Muscadel, Constantia, Springmill Constantia, Clifton's Constantia, Tasker's Grape, Vevay, Winne, Rothrock de Prince, York Lisbon (*Labr.*). Cette vigne a été découverte pour la première fois par Alexander, jardinier chez le gouverneur Penn, sur les bords du Schuylkill, puis de Philadelphie, avant la guerre de la révolution. On la trouve assez souvent comme semis du Labrusca sauvage, sur la lisière de nos forêts. La culture des vignes américaines commença réellement par la plantation de cette variété au commencement du siècle, plantation pratiquée par une colonie suisse à Vevay, dans le comté de la Suisse, Indiana, sur les bords de l'Ohio, à 45 milles en aval de Cincinnatti. Pendant quelque temps on la prit pour la fameuse vigne de Constance, du cap de Bonne-Espérance. Nous ne savons pas si John James Dufour, le chef respecté de cette colonie suisse, partageait cette erreur, ou s'il jugea nécessaire de la laisser partager à ses colons, lui qui eut la sagacité de découvrir que leurs premiers échecs dans le comté de Jessamine, Ky., 1790-1801, tenaient à la plantation de vignes exotiques, et qui leur substitua volontairement une variété indigène. Toujours est-il que ce fut là le premier essai suivi de succès pour l'établissement de vignobles dans nos contrées. On fit un très-bon vin, ressemblant au bordeaux, avec le raisin du *Cape*, et ce raisin fut le favori des premiers temps, jusqu'à ce qu'il fût remplacé par le Catawba. (Le *Cape* blanc est semblable au *Cape* noir, dont il ne diffère que par sa couleur, qui est blanc verdâtre). Downing décrit le Cape comme suit : *Grappes* plutôt compactes, non ailées ; *grains* de moyenne grosseur, ovales ; peau épaisse, tout à fait noire ; chair à pulpe très-ferme, mais juteuse ; fait un très-joli vin, mais est beau-

coup trop pulpeux et grossier pour la table, quoique très-doux et musqué quand il est bien mûr, ce qui n'arrive qu'à la fin d'octobre. Feuilles beaucoup plus duveteuses que celles de l'Isabelle.» W. R. Prince, dans son *Traité de la vigne*, N.-Y., 1830, énumère 88 variétés de vignes américaines, « mais comme rapport ne peut recommander que le Catawba et le Cape ; un dixième de cette dernière variété suffirait pour améliorer du vin. De ces deux variétés, le Catawba est de beaucoup la plus productive, mais le Cape est moins sujet à la carie noire. Toutes deux font de bons vins. »

Agawam (Hybride de Rogers, n° 15.)— Obtenu par E.-S. Rogers, de Salem, Mass., et regardé par lui comme la meilleure variété qu'il eût obtenue avant l'introduction du Salem. C'est un raisin rouge foncé ou marron, provenant d'un croisement du Hamburg. *Grappes* grosses, compactes, souvent ailées ; *grains* très-gros, à peu près ronds ; peau épaisse, pulpe molle, ayant du montant, d'un bouquet aromatique particulier et ayant un peu de l'arome natif ; fertile et d'une végétation vigoureuse ; *racines* fortes, charnues et modérément fibreuses, à liber épais et uni. Sarments très-forts, modérément longs, avec des branches latérales relativement peu nombreuses, mais fortes. Bois d'une dureté normale et à moelle de dimension moyenne. Bourgeons gros et proéminents. Mûrit quelques jours après le Concord. Les renseignements sur son compte sont généralement satisfaisants ; réussit bien. Dans quelques localités a été sujet au *mildew* et à la carie noire. M. Husmann dit : « Son bouquet prononcé est loin de m'être agréable.» La planche ci-contre montre les caractères de la grappe et de la feuille.

Adélaïde. — L'un des nouveaux raisins de M. Jas. H. Rickett ; hybride de Concord et de Muscat Hamburg. Est décrit comme de moyenne dimension ; grain de forme ovale, noir, à fleur bleue légère ; d'un bouquet doux, mais ayant du montant ; chair rouge, un peu pourpre.

Aletha. — Semis de Catawba, né à Ottawa, Ill ; on dit qu'il mûrit toujours plus tôt

AGAWAM (Hybride de Rogers, n⁰ 15)

que l'Hartford prolific. Décrit dans le *Prairie Farmer* : « *Grappes* de moyenne dimension, tige longue ; *grains* pendants d'une manière un peu lâche ; peau épaisse, couleur pourpre foncé ; jus presque noir, teignant les mains et la bouche. Chair tout à fait pulpeuse, avec un arome décidément foxé. Pour le goût foxé et astringent, il ressemble beaucoup à un Isabelle bien mûr. » On dit qu'il promet beau-

coup comme raisin pour la cuve, dans les loi calités du Nord. Pas encore répandu, ce qui n'est pas à regretter si l'on en juge par la description qui précède.

Albino. Synon.: GARBER'S ALBINO (*Labr.*) — Obtenu par J.-B. Garber, Columbia, Pa. (supposé être un semis d'Isabelle). *Grappe* petite ; *grain* presque rond, légèrement ovale ;

couleur jaunâtre ou ambrée ; chair acide, coriace ; trop tardif pour le Nord. — Charl. Downing.

Hybride d'Allen.— Obtenu par J.-F. Allen, Salem, Mass. Croisement entre le Chasselas doré et l'Isabelle ; le premier des raisins américains hybrides. Mûrit de bonne heure, à peu près comme le Concord. *Grappes* grosses et longues, modérément compactes ; *grains* pleinement moyens ou gros ; peau épaisse, à demi transparente ; couleur presque blanche, teintée d'ambre ; chair tendre et délicate, sans pulpe, juteuse et délicieuse ; bouquet de muscat agréable ; excellente qualité. Les feuilles ont un aspect crispé particulier et un caractère en partie étranger. Est sujet au *mildew* et à la carie noire et ne peut pas être recommandé pour la grande culture, quoiqu'il soit digne d'occuper une place dans les collections d'amateurs.

Alvey. Syn.: HAGAR. — Introduit par le Dʳ Harvey, d'Hagerstown, Md. Généralement classé parmi les *Æstivalis*, mais ses traits caractéristiques se rapportent à une espèce différente. Son port érigé, son bois mou et court jointé, sa reprise facile de bouture, ses racines faibles et incapables de résister au phylloxera[1], son excellente qualité, son pur bouquet de vin, tout indique la *Vitis vinifera* et nous force à conclure que l'Alvey a dû son origine à un croisement par hybridation naturelle entre la *Vitis vinifera* et l'*Æstivalis*. *Grappes* moyennes, lâches ; *grains* petits, ronds, noirs, doux, juteux et vineux, sans pulpe ; végétation lente, bois à mérithalles courts, modérément productif ; *racines* moyennement épaisses, avec tendance au caractère des *Æstivalis* d'être dures, avec un liber assez uni. Sarments remarquablement droits et dressés, se terminant graduellement en pointe et n'ayant pas

[1] Les plants reçus de M. Bush, sous le nom d'Alvey, se sont montrés chez l'un de nous, M. Bazille, à Saint-Aunès, notablement résistants au phylloxera au moins pendant 2 ou 3 ans de culture. (Note de la trad.)

de tendance à ramper, comme la plupart des variétés américaines. Branches latérales peu nombreuses et faibles; bois assez tendre et avec beaucoup de moelle. Ces caractères, ainsi que le peu d'épaisseur de la péau et l'absence totale de pulpe, indiquent un tempérament étranger. Excellent de qualité, fait un de nos *meilleurs* vins rouges, mais est porté à perdre ses feuilles sur les pentes au midi ; semble préférer le *loam* profond, riche et *sablonneux*, de nos pentes tournées au nord-est ou même au nord. Moût, 85° — 91°.

Amanda (*Labr.*) — La description de notre précédente édition, copiée sur le Catalogue de la Bluffton Wine Company (de l'Annuaire hortic. de 1868), diffère totalement du fruit que nous ont donné des plants de la même source. Nous avons interrogé notre ami Sam. Miller, de Bluffton, qui nous a dit : « C'est un raisin gros, noir, à peau épaisse, à pulpe dure, un Fox grape ayant de l'apparence, mais mauvais. » Cette description concorde avec notre expérience, et nous l'avons mis de côté. Il est possible qu'il soit le même que l'August Pioneer.

Aminia (Supposé être l'hybride de Rogers, N° 39). — Dans l'automne de 1867, nous essayâmes de nous procurer ceux des hybrides de Rogers non dénommés, que nous n'avions pas encore expérimentés, et, connaissant la confusion qui existait à l'égard de leurs numéros, nous obtînmes en même temps de différentes sources quelques exemplaires de chaque numéro. Il en survécut trois de ceux que nous avions plantés, sous le numéro 39, mais il n'y en avait pas deux semblables. L'un d'eux se trouva particulièrement remarquable. Pour nous assurer si c'était bien le numéro 39, nous nous adressâmes à M. E.-S. Rogers, afin d'avoir un plant ou une greffe du pied original de son n° 39, mais nous apprîmes que le pied original n'existait plus !

L'une de nos vignes n° 39 se trouva être si remarquable, que nous nous décidâmes à la propager, et nous en plantâmes cinquante pieds, tandis que nous supprimions les deux autres. D'après les éloges donnés au nº 39 à la session quatriséculaire de la Société pomologique américaine, par son président, l'honorable M. P. Wilder, nous avons encore plus de raisons de supposer que notre nº 39 est le véritable. Mais, pour éviter toute confusion avec d'autres qui pourraient être expédiés sous ce numéro par d'autres propagateurs, et qui pourraient ou non être les mêmes, nous avons donné au nôtre le nom d'*Aminia*. *Grappes* moyennes, légèrement ailées, modérément compactes, plus égales et meilleures, en moyenne, que ne les font en général les vignes de Rogers. *Grains* pleinement moyens ou gros, pourpre foncé, presque noirs, avec une jolie fleur. Chair fondante, avec très-peu de pulpe, douce et d'un bouquet très-agréable; mûrissant de très-bonne heure, à peu près comme l'Hartford prolific. Nous le considérons comme un de nos *bons raisins les plus précoces*. Plante modérément vigoureuse, très-rustique, fertile. Mérite d'être cultivé largement comme raisin de table.

Anna. Semis de Catawba, obtenu par Elic Hasbrouck, Newburg, N.-Y., en 1852. G.-W. Campbell, de Delaware, Ohio, le décrit comme très-rustique et bien portant, et d'une vigueur de végétation modérée. *Grappes* un peu lâches, de dimension moyenne. *Grains* moyens, d'une couleur légèrement ambrée, avec de petites taches foncées, couvert d'une légère fleur blanche. Un peu pulpeux. Mûrit comme le Catawba. Ne vaut pas la peine d'être planté ici, délicat et chétif.

Autuchon (Hybride d'Arnold, nº 5). — Semis de Clinton, croisé avec le Chasselas doré. Feuilles vert foncé, très-profondément lobées et à dents fines et pointues; le bois non mûr est pourpre très-foncé, presque noir. *Grappes* très-longues, peu ailées, un peu lâches. *Grains* de dimension moyenne, ronds, blancs (verts), à chair modérément ferme, mais facilement fondante et d'un bouquet agréable, ayant du montant, ressemblant au Chasselas blanc. Peau mince, non astringente. Mûrit comme le

Delaware. M. Sam. Miller, l'obtenteur du Martha, a accordé l'important éloge suivant à ce nouveau raisin, en 1869 :

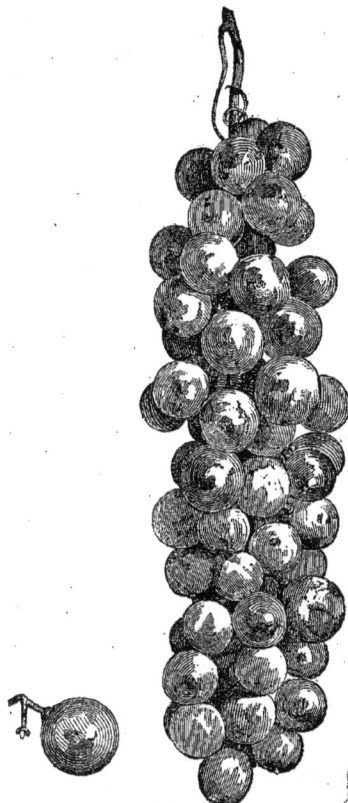

AUTUCHON

« J'ai toujours considéré le Martha comme le meilleur raisin blanc indigène; mais, depuis que j'ai vu et goûté l'Autuchon, je baisse pavillon. S'il mûrit comme lui au Canada, et s'il s'améliore en venant ici comme les Rogers et autres raisins du Nord, il me semble que nous aurons alors tout ce que nous pouvons souhaiter. A lui seul, c'est un trésor. »

Notre ami Miller fit bien de mettre des « si » dans son éloge; car l'Autuchon n'a pas répondu à ces espérances. Il s'est mon-

7

tré délicat, d'une réussite incertaine, du moins dans l'Ouest, et son fruit s'est montré sujet à la carie noire et au *mildew*. Malgré ses belles qualités, il ne restera qu'une variété d'amateur et ne peut pas être recommandé pour une culture en grand.

Nous joignons ici une planche qui donne une figure exacte de la grappe telle qu'elle a poussé chez nous, car nous n'en avons jamais vu d'aussi grosse que celle que représentait le cuivre de notre première édition, qui nous venait de l'obtenteur.

Hybrides d'Arnold [1]. *Voyez* Othello (nº 1), Cornucopia (nº 2), Autuchon (nº 5), Brant (nº 8), Canada (nº 16).

Arrott (ou ANCOTT ?) (*Labr.*). — Philadelphie. *Grappe* et *grains* moyens, blancs ; ressemblant au Cassady par l'apparence, mais pas aussi bon. « Doux et bon; peau épaisse; bonne végétation, fertile. » — Husmann.

Aughwick (*Cord.*) — Introduit par W.-A. Fraker, Shirleysburg. Pa. *Grappes* ailées, ressemblant à celles du Clinton; *grains* plus gros que ceux du Clinton, noirs; jus très-foncé, bouquet épicé. On dit qu'il fait un vin rouge très-foncé, de qualité supérieure, et qu'il ne craint en rien la carie noire et le *mildew*; très-rustique et très-sain. Nous l'avons trouvé moins bon et moins productif que le Clinton. A rejeter.

August Pioneer (*Labr.*) — Origine inconnue ; l'une des plus grossières de nos va-

[1] M. Charles Arnold, de Paris, Canada, a obtenu de très-heureux résultats en fécondant le Clinton indigène avec le pollen de variétés étrangères. Ses semis paraissent être pleins de promesses. Le Comité de la Société d'horticulture de Paris dit dans son Rapport: «Nous trouvons que leurs traits caractéristiques saillants comme classe, sont les suivants: d'abord rusticité parfaite et végétation vigoureuse ; en second lieu, maturité précoce du fruit et du bois ; jusqu'à présent, immunité remarquable au point de vue des maladies; grand et beau feuillage, d'un caractère très-distinct et non laineux ; *grappes* grandes en général ; *grains* plus gros que la moyenne ; peau mince et, dans tous les numéros que nous avons goûtés, exempte de pulpe;d'un bouquet plein, agréable et ayant du montant, Notre jugement ne se base pas sur un examen rapide, mais sur une connaissance qui date des deux dernières années. »

riétés indigènes ; gros, noir, à chair ferme, dure, pulpeuse ; bon seulement pour confiture. Mi-août. — Downing.

Baldwin Lenoir (*Æst.*). — Originaire de West-Chester, Pa. ; on le dit un semis de Lenoir. *Grappe* petite, un peu lâche ; *grains* petits, tout à fait foncés, presque noirs ; chair un peu dure, acide, craquante . Mentionné dans un rapport comme le plus riche en sucre parmi 26 variétés expérimentées par le chimiste du Département de l'Agriculture, à Washington. Par le feuillage et l'allure de sa végétation, il rappelle beaucoup le Lincoln.

Barnes' (*Labr.*) — Doit son origine à Parker Barnes, Boston, Massach. *Grappes* ailées ; *grains* moyens, ovales, noirs, doux et bons ; presque aussi précoce que l'Hartford. — Strong. — Nous n'avons pas vu ce raisin.

Barry (Rogers' nº 43.) — Un des plus méritants des hybrides de Rogers. *Grappe* grosse, un peu large et compacte ; *grain* moyen, un peu rond ; couleur noire ; chair tendre; d'un bouquet doux, agréable; peau mince, un peu astringente. Plante aussi vigoureuse, saine et rustique, qu'aucun des autres hybrides de Rogers. Très-fertile et précoce, plus précoce que le Concord.

Baxter (*Æst.*) — *Grappe* grosse et longue ; *grain* au-dessous de la moyenne, noir; très-tardif; rustique et fertile ; impropre à la table, mais peut-être estimable pour la cuve. — Bluffton Wine Cº.

Belvidere (*Labr.*) — Doit son origine au Dr Lake, de Belvidere, Ills ; sera probablement une variété recommandable pour le marché, à cause de son extrême précocité, de sa grosseur et de sa belle apparence. C'est un progrès, sous le rapport de la grappe et du grain, sur l'Hartford prolific, mais un faible progrès, si même il y en a un, sous le rapport de la qualité. Comme l'Hartford, il a une tendance à s'égrener, surtout quand il est un peu trop mûr. Son aspect étant très-voisin de celui de l'Hartford et la différence ne consistant que dans sa précocité, qu'on dit être un peu plus grande, il est inutile d'en donner une description. On dit que sa végétation est vigoureuse, qu'il est parfaitement rustique, sain et très-productif; mais l'Hartford l'est·

aussi, et nous trouvons que c'est assez d'une seule variété d'un aussi pauvre type.

Berks ou **Lehigh** (*Labr.*) — *Grappe* grosse, ailée, compacte ; *grain* gros, rond, rouge, un peu pulpeux, de bonne qualité ; végétation vigoureuse comme celle du Catawba, dont il est un semis, et peut-être une amélioration pour la grosseur et la qualité ; mais aussi plus sujet aux maladies.

Bird's Egg. — Probablement un semis de Catawba, ressemblant un peu à l'Anna. *Grappe* longue, pointue ; *grain* ovale, blanchâtre, avec des taches brunes ; chair pulpeuse ; seulement bon ; curiosité. — Downing.

Black Defiance. — (Underhill's 8-8). Splendide raisin de table, tardif, à peu près le meilleur raisin noir de table que nous ayons chez nous, préférable au Senasqua. Si nos informations sont exactes, c'est un croisement entre le Black Saint-Peters et le Concord. *Grappes* et *grains* gros, d'une dimension supérieure à celle du Concord ; noir, avec une jolie fleur ; en retard de trois semaines sur le Concord, et beaucoup meilleur.

Black Eagle. — (Underhill's 8-12) Hybride de *Labrusca* et de *Vinifera.*

Nouveau raisin, précoce, de la meilleure qualité ; pas beaucoup plus précoce que le Concord, mais bien supérieur en mérite. La feuille est une des plus belles que nous connaissions, très-ferme, vert foncé, profondément lobée, ayant la forme de la feuille d'une vigne exotique.

La plante a une végétation érigée et vigoureuse, rustique et saine, jusqu'à présent exempte de la carie noire et du *mildew; racines* droites et presque raides, avec un liber moyen ; sarments remarquablement droits et érigés, avec des branches latérales nombreuses, mais petites ; bois ferme, avec moelle moyenne ; *grappe* grosse, modérément compacte ; *grains* gros, ovales, noirs, avec fleur bleue ; chair riche et fondante, avec peu de pulpe. Chez M. Underhill, le fruit a noué imparfaitement, mais il n'a pas eu ce défaut ici. A Croton-Point,

cette circonstance doit avoir tenu à du mauvais temps pendant la floraison. Nous le considérons comme une des variétés qui promettent le plus. Nous donnons à la page 64 une reproduction de grandeur naturelle de sa grappe et de sa feuille, faite dans le principe pour Downing.

Black Hawk. — Semis de Concord, obtenu par Samuel Miller. « *Grappe* grosse, un peu lâche ; *grain* gros, noir, rond, juteux, doux ; pulpe très-tendre ; mûrit aussi tôt que le Concord, lui est supérieur en qualité, et paraît être rustique et sain ». — George Husmann. — Nous le trouvons en avance d'une semaine sur le Concord. Il a cette particularité remarquable, que sa feuille est d'un vert si foncé qu'elle paraît presque noire.

Bland (*Labr.?*). Syn.: BLAND'S VIRGINIA, BLAND'S MADEIRA, BLAND'S PALE RED, POWELL. — On dit qu'il fut trouvé sur la côte orientale de la Virginie, par le colonel Bland, de cet État, qui en donna des scions à feu Bartram, botaniste, qui l'a cultivé le premier. *Grappes* assez longues, lâches et souvent avec de petits grains imparfaits ; *grains* ronds, à longues queues, assez clairsemés sur la grappe ; peau mince, d'abord vert pâle, mais rouge pâle à la maturité ; chair légèrement pulpeuse, d'un bouquet délicat, agréable, ayant du montant, avec peu ou point d'odeur de musc, mais un peu astringente ; mûrit tard ; feuillage vert plus clair que celui du Catawba, plus uni et plus délicat. Cette vigne est très-difficile à propager par boutures. La description qui précède de cette vieille variété est tirée des *Fruits d'Amérique,* de Downing. Le Bland n'a pas réussi ou n'a pas bien mûri dans le Nord, et a été perdu et abandonné dans le Sud, mais nous reconnaissons encore en lui le type de quelques-unes de nos variétés actuelles.

Black King (*Labr.*). — Raisin rustique, vigoureux et précoce, de grosseur moyenne ; doux, mais foxé. Strong.

Blood's Black (*Labr.*). — *Grappe* moyenne, compacte ; *grain* moyen, rond, noir, un peu dur et foxé, mais doux. Très-hâtif et très-fertile et, à cause de cela,

BLACK EAGLE (Underhill's, 8-12.)

précieux pour la vente précoce au marché. Ressemble au Mary-Ann, avec lequel on l'a confondu souvent.

Blue Dyer (*Cord.*). — *Grappe* moyenne; *grains* petits, noirs ; jus très-foncé ; promet bien pour la cuve. — Husmann.

Blue Favorite. — Raisin du Sud. Plante vigoureuse, fertile ; *grappe* au-dessus de la moyenne ; *grains* moyens, ronds, bleu noir, doux, vineux ; beaucoup de matière colorante. Dans le Sud, est mûr en septembre; ne' mûrit pas bien dans le Nord. On le dit estimé pour la vinification. — Downing.

Blue imperial (*Labr.*).— Origine incertaine. Plante vigoureuse, exempte de *mildew, non* fertile. *Grappes* moyennes , courtes ; *grain* gros, rond, noir ; chair à noyau ou pulpe acide, dure ; mûrit comme l'Hartford. Inférieur. — Downing.

Brant (Hybride d'Arnold, n° 8). — Semis de Clinton croisé avec le Black St-Peters. Les jeunes feuilles et les jeunes pousses couleur rouge de sang foncé ; feuilles très - profondément lobées, lisses des deux côtés. *Grappe* et *grain* ressemblant à ceux du Clinton pour l'aspect, mais grandement supérieurs en bouquet quand le raisin est bien mûr ; peau mince ; exempt de pulpe; tout jus, doux et vineux ; pépins petits et peu nombreux (1-3) ; très-rustique ; végétation forte, saine. Raisin très-précoce' et méritant ; en fait, c'est le plus précoce de tous, chez nous, et ce serait le plus avantageux si les oiseaux [n'en détruisaient pas les grappes dès qu'elles mûrissent. Pour des contrées

où les raisins mûrissent plus tard que chez nous, et où les oiseaux font moins de dégâts, il est digne de l'attention des viticulteurs.

Brighton (*Labr.*). — Nouveau et excellent raisin, obtenu par H.-E. Hooker, de Rochester, N.-Y. *Grappe* grosse et admirablement formée , compacte , ailée. *Grains* au-dessus de la moyenne ou gros, ronds, de la couleur du Catawba ; qualité et bouquet très-supérieurs. Si la plante se montre rustique, saine et productive , ce sera une bonne addition à notre liste de vignes. L'obtenteur a bien voulu nous en donner pour l'essayer, mais il

BRANT

ne nous a pas autorisés à la répandre, pour le moment.

Burroughs' (*Cord.*).— De Vermont. Plante voisine du Clinton. *Grappe* petite; *grain* rond, noir; fleur épaisse; chair âpre, acide, rude. — Downing.

Burton's Early (*Labr.*). — Pauvre raisin de la famille des Fox grapes, gros, précoce. Ne mérite pas d'être cultivé.— Downing.

Bottsi (*Æst.*). — C'est le nom local d'un raisin très-remarquable, venu dans la cour d'un monsieur de ce nom, à Natchez, Miss. On dit qu'il éclipse complétement tous les autres raisins qu'on y récolte (y compris le Jacquez), et l'on prétend que c'est le véritable Herbemont, apporté il y a quelques cinquante ans de la Caroline du Sud. Il diffère de notre Herbemont par la couleur, étant d'un rose léger à l'ombre et d'un rose foncé en plein soleil. Il se pourrait que ce fût le raisin dont il est fait mention sous le nom de *Pauline*. Le témoignage impartial et digne de foi de M. H.-Y. Child, amateur d'horticulture, sur son excellente qualité, sa croissance rapide, son énorme fructification et son immunité contre la carie noire, nous a décidés à nous procurer et à planter quelques pieds de cette variété. Si elle nous réussit, nous la considérerons comme une précieuse adjonction à cette classe, si longtemps négligée et cependant si importante, des vignes américaines, et nous la répandrons parmi les viticulteurs du Sud.

Cambridge (*Labr.*).—Nouveau raisin, venu dans le jardin de M. Francis Houghton, Cambridge, Massach., et introduit maintenant par MM. Hovey et Cᵉ, de Boston, comme étant « du plus grand mérite.» Ils en donnent la description suivante : « C'est un raisin noir, ressemblant un peu au Concord, mais à grains un peu ovales. *Grappes* grosses et ailées; *grains* à peau très-mince, gros, tenant ferme à la grappe, et recouverts d'une fleur délicate; chair riche, craquante et rafraîchissante, sans pulpe et se rapprochant de la qualité de l'Adirondac plus que tout autre raisin indigène. Mûrit quelques jours avant le Concord. La plante a la végétation luxuriante et le beau feuillage du Concord, en même temps qu'elle est aussi rustique, si ce n'est davantage. Entièrement à l'abri du *mildew*. Nous pouvons prendre la responsabilité du Cambridge, que nous décrivons maintenant, disent MM. Hovey et Cᵉ, tout aussi bien que nous l'avons prise pour le Concord il y a juste vingt ans (1845), et nous ne doutons pas qu'il n'atteigne un rang égal, si ce n'est même plus élevé. »

Camden (*Labr.*).—*Grappe* moyenne; *grain* gros, blanc verdâtre; chair avec une partie centrale dure; acide; pauvre variété.

CANADA

Canada (Hybride d'Arnold, nº 16). — Obtenu d'un pepin de Clinton fécondé avec le pollen du Black St-Peters. Ressemble au Brant (n° 3) pour l'aspect, mais a le grain plus gros et mûrit plus tard. Est justement vanté par tous ceux qui le goûtent, pour son riche arome et son excellent bouquet. *Grappe* et *grain* au-dessus de la moyenne ; couleur noire, à belle fleur ; peau mince ; exempt de toute âpreté et de l'acidité commune aux autres raisins indigènes. Végétation modérée ; feuillage particulier ; rustique ; août bien son bois. Sera recommandable pour la cuve.

Canby's August. *Voyez* York Madeira.

Catawba. Syn.: RED MUNCY, CATAWBA TOKAY, SINGLETON (*Labr*.). — Cette vieille variété, bien connue, est native de la Caroline du Nord, et a tiré son nom de la rivière de Catawba, près de laquelle on l'a trouvée. Porté à la connaissance du public, il y a cinquante ans, par le major John Adlum, de Georgetowm, D. C., le Catawba a été pendant de longues années le raisin type du pays, et on en a planté des milliers d'acres. Mais l'incertitude de ses récoltes, par suite de la carie noire, du *mildew* et de la rouille des feuilles, ainsi que le retard de sa maturité dans les Etats de l'Est et du Nord, en octobre, font qu'on y renonce sur plusieurs points, et qu'on plante en remplacement des espèces sur lesquelles on puisse compter davantage. Dans les localités où il arrive à parfaite maturité et où il semble moins sujet à la maladie, il y a très-peu de variétés meilleures que lui.

Nous sommes certains maintenant que le phylloxera est la cause principale de ses maladies. Partout où l'on a examiné des radicelles de Catawba, on les a trouvées, soit déjà mortes, soit couvertes de pucerons, produisant ces nodosités maintenant bien connues. Ses racines ne sont évidemment pas capables de résister au phylloxera, et cependant, différant en cela des variétés européennes, elles émettent de nouvelles radicelles, et, dans des années favorables, elles reprennent leur première vigueur pour un été, jusqu'à ce qu'elles soient sapées de nouveau jusque dans leurs fondements.

Dans le Missouri, il a mieux marché en 1868 et 1874 qu'il ne l'avait fait depuis 1857, ce qui a été probablement dû au caractère des saisons et à une immunité comparative à l'égard du phylloxera. *Grappe* grosse, modérément compacte, ailée ; *grains* au-dessus de la moyenne, ronds, rouge foncé, recouverts d'une fleur lilas. Peau modérément épaisse ; chair légèrement pulpeuse, douce, juteuse, avec un parfum riche, vineux et un peu musqué. Plante à végétation vigoureuse ; très-productive dans des années et des localités favorables. Un sol argileux (*clay shale soil*), comme aussi un sol graveleux ou sablonneux, paraissent lui être le plus favorables. *Racines* faibles en comparaison de la forte végétation de la plante, quand elle est en parfait état de santé, avec une texture d'une dureté au-dessous de la moyenne ; liber épais et n'ayant pas la facilité d'émettre de jeunes fibres aussi rapidement que d'autres variétés ; sarments droits et longs, avec peu de branches latérales ; bois de dureté moyenne, avec une moelle un peu au-dessus de la dimension moyenne. Moût, 86°, — 91° à l'échelle d'Œchsle ; à celle de Twitchell, 2,02 livres de sucre par gallon (3 l. 60) de moût ; acide, 12 à 13 ; à Hammondport, dans une expérience faite sous la direction de plusieurs pomologues éminents, le 12 octobre 1870, seulement 7,29 par mille.

Le Catawba a un grand nombre de semis ; de l'Iona et du Diana, les deux meilleurs, et de l'Aletha, de l'Anna, du Hine, du Mottled, etc., nous donnons des descriptions à leur place alphabétique ; mais certains d'entre eux sont actuellement les mêmes que le Catawba, et seulement de prétendus semis que l'on vend sous un autre nom ; d'autres sont si près d'être identiques, qu'ils n'exigent pas de description. A cette classe appartiennent :

Le *Fancher*, vanté comme un Catawba précoce ;

Le *Keller's White*, le *Mead's Seedling*, le *Merceron ;*

Le *Mammoth Catawba* (Catawba Mammouth), de Hermann, très-gros de grappe et de grain, mais du reste inférieur à son parent ;

L'*Omega*, exposé à Indiana en 1857 ; on n'en a plus entendu parler depuis lors ;

Le *Saratoga*, le même que le Fancher ;

Le *Tekoma*, un semis missourien du Catawba et qu'on dit plus robuste que lui ;

Le *Catawba blanc,* obtenu par M. John E. Mottier, et abandonné par l'obtenteur lui-même comme inférieur à son parent.

Cassady (*Labr.*).—Est né dans la cour de H.-P. Cassady, Philadelphie, comme semis de hasard. *Grappe* moyenne, très-compacte, quelquefois ailée ; *grain* moyen, rond, vert pâle, recouvert d'une fleur blanche ; à la maturité, sa couleur passe au jaune pâle ; peau épaisse et coriace (*leathery*), pulpeuse, mais avec une douceur mielleuse particulière, qu'aucun autre raisin ne possède au même degré. Mûrit comme le Catawba. Plante à végétation modérée, un vrai Labrusca dans son allure et son feuillage ; énormément productive, d'autant plus productive que chaque bouton à fruit donne plusieurs branches avec trois à cinq grappes chacune. Mais cet excès de production l'épuise pour plusieurs années ; les feuilles tombent prématurément et le fruit ne mûrit pas. Ses racines, comme celles du Catawba, sont faibles et ne résistent pas suffisamment au phylloxera.

Cette vigne réussit le mieux à l'exposition du nord-est ou du nord. Partout où le Catawba réussit, nous pouvons dire avec certitude que le Cassady supportera la comparaison. Peut-être aussi convient-il dans les fonds sablonneux d'alluvion (*sandy river bottoms*).

Poids spécifique du moût, 80° à 96°. Vin d'une belle couleur dorée, d'assez de corps et d'un arome agréable. L'Arrott lui ressemble beaucoup, mais n'est pas aussi bon.

Catawissa. Voyez *Creveling.*

Challenge. — On suppose que c'est un croisement entre le Concord et le Royal Muscadine, cultivé par le Rev. Asher Moore, N.-J. Très-précoce ; *grappes* courtes, compactes, ailées ; *grains* gros, ronds, rouge pâle, à chair légèrement pulpeuse ; très-doux et juteux. Bois et feuilles extra-rustiques ; prolifique et prometting. On le dit excellent comme raisin et vin de dessert.

Champion, ou Early Champion (Champion précoce).—Vigne nouvelle, extra-précoce et, d'après le témoignage du Dr Swasey (*Soc. pom. amér.*, 1873, pag. 66), l'une des meilleures à cultiver. Elle a pris naissance à la Nouvelle-Orléans et a été répandue pour la première fois, en 1873, par M. A.-W. Roundtree. *Grappe* moyenne ; *grain* moyen, noir, recouvert d'une belle fleur, légèrement ovale ; peau mince ; pulpe molle et fondante ; doux et agréable au goût, un peu entre l'Ives et le Concord ; pepins petits, ordinairement 2-4 dans le grain. Mûrit de dix à quinze jours plus tôt que l'Hartford prolific et possède d'excellentes qualités pour l'expédition. Végétation très-vigoureuse ; feuillage épais et sain, ressemblant à celui de l'Ives. Nous tâcherons de nous procurer cette vigne nouvelle et extraordinaire, pour faire l'essai de son aptitude à s'adapter à notre latitude, etc. On dit que le semis de Tolman (*Tolman's Seedling*) a été expédié par quelques marchands sous le nom de *Champion,* comme une variété nouvelle et méritante ; mais, s'il en est ainsi, cet abus ne peut avoir pour effet d'établir un nom nouveau.

Charlotte. — Identique avec le *Diana.*

Charter Oak (*Labr.*). — Raisin de la famille des Fox grapes, très-gros, grossier, tout à fait sans valeur, excepté pour la dimension, qui rend son apparence aussi séduisante que son odeur musquée est repoussante.

Claret (?). — Semis de Chas. Carpenter, Ile de Kelley, O. *Grappe* et *grain* moyens ; rouge clair ; acide ; vigne vigoureuse ; sans valeur.— Downing.

Clara. — Supposé provenir d'une graine étrangère. Raisin blanc, ou ambre pâle, très-joli pour la table ; ressemblant un peu à l'Hybride d'Allen. *Grappe* longue, lâche ; *grain* moyennement rond, vert-jaunâtre, transparent, sans pulpe, doux et délicieux, mais très-incertain. Un peu délicat. Demande un abri l'hiver. N'est pas digne d'une culture en grand, et, depuis que nous avons tant de qualités

CLARA

supérieures, mérite à peine une place dans une collection d'amateur. Toutefois, nous apprenons qu'il est vanté en France comme l'une des variétés américaines réussissant bien, vigoureuse et fertile, en apparence à l'abri de l'insecte au milieu de vignes fort maltraitées, chez M. Borty, à Roquemaure. Nous sommes portés à croire que le nom est incorrect. La figure du Clara, que nous donnons ici, est réduite à un quart de grandeur naturelle, un demi-diamètre.

Clover Street black. Hybride obtenu par Jacob Moore, d'un Diana croisé avec le Black Hamburg. *Grappes* grosses, compactes, ailées ; *grains* gros, à peu près ronds, noirs, recouverts d'une fleur violet foncé ; chair tendre, douce ; plante modérément vigoureuse ; mûrit comme le Concod.—Hovey's Mag.

Clover Street red. — Même origine que le précédent. *Grappes* plus grosses que celles du Diana, lâches, quelquefois avec un long pédoncule et un grapillon terminal ; *grains* gros, ovales-ronds, cramoisis quand ils sont bien mûrs, avec un léger bouquet de Diana ;

plante à forte végétation ; mûrit comme le Diana. —Hovey's Mag.

Clinton. Syn. : Worthington (*Cord.*).— Strong dit qu'en 1821, l'honorable Hugh White, alors à Hamilton College, N.-Y., planta dans le domaine du prof. Noyes, à College Hill, une vigne de semis, qui existe encore et qui est le Clinton primitif. *Grappes* moyennes ou petites, compactes, non ailées ; *grain* rond, au-dessous de la grosseur moyenne, noir ; fleur bleue ; peau mince, coriace ; chair juteuse, peu pulpeuse, brillante et vineuse ; un peu acide ;

CLINTON

d'autant plus doux qu'il pousse plus au Sud ; tourne de bonne heure, mais a besoin de rester longtemps sur la souche

8

(jusqu'aux premières gelées) pour atteindre toute sa maturité. Vigoureux, rustique et productif ; sain, mais à végétation excessivement abondante, vagabonde, et l'une des vignes les plus difficiles à maîtriser. Demande beaucoup de place et une taille à coursons sur vieux bois pour donner ses meilleurs résultats. Étant un des premiers à fleurir au printemps, il souffre quelquefois des gelées tardives.

« La meilleure vigne connue pour les terrains pauvres. »

(Cannon, de la Caroline du Nord).

La feuille du Clinton est, dans certaines années, complétement envahie par le puceron des galles (forme gallicole du phylloxera), mais ses racines jouissent d'une immunité remarquable à l'endroit des piqûres de cet insecte redouté. Le puceron des racines s'y rencontre, mais d'ordinaire en petit nombre, et la vigne n'en souffre pas le moins du monde, tandis que les vignes européennes sont tout à fait détruites à côté.

Racines minces et raides, mais très-tenaces, avec un liber dur, uni, formant rapidement de nouvelles fibres ou radicales et, quoique très-envahies par le phylloxera, n'éprouvant que peu d'effet de l'insecte sur le dur tissu des grosses racines. Sarments assez grêles, mais longs et rampants, avec une ample provision de branches latérales et de fortes vrilles. Bois assez tendre, avec une grande moelle.

Fait un joli vin rouge, foncé, d'un goût légèrement désagréable, ressemblant au Bordeaux [1] et qui s'améliore avec l'âge ; moût 93° à 98°, et quelquefois dépassant 100°.

Columbia. — On dit que cette vigne fut trouvée jadis par M. Adlum, sur sa ferme, à Georgetown, D. C. Végétation vigoureuse, fertile. *Grappe* petite, compacte ; *grain* petit, noir, à fleur légère, à pulpe très-peu dure et

_____
[1] Nous osons à peine traduire ce passage, qui choque toutes les notions reçues sur le vrai Bordeaux. L'auteur a voulu sans doute signaler une simple ressemblance de couleur et non de goût.   (*Not. de la Trad.*)

très-peu acide ; peu parfumé, mais agréable et vineux. Mûrit fin septembre. — Downing.

Concord (*Labr.*). — Connue dans le public comme *the grape for the million*, la vigne pour les masses, cette variété doit son origine à E.-W. Bull, Concord, Massachusets. *Grappe* grande, ailée, un peu compacte ; *grains* gros, globuleux, noirs, couverts d'une épaisse fleur bleue ; peau mince, crevant facilement ; chair douce, pulpeuse, tendre ; tourne environ quinze jours avant le Catawba, mais a besoin de rester tard sur la souche pour acquérir tout son mérite. *Racines* nombreuses, solides, d'une texture au-dessus de la moyenne comme dureté, à liber moyen, émettant promptement de nouvelles radicelles sous les attaques du phylloxera. L'un des plus résistants de la classe des *Labrusca*, et précieux sous ce rapport comme porte-greffe ; sarments de grosseur moyenne, longs, traînants, avec des branches latérales nombreuses et bien développées. Bois de dureté et de moelle moyennes. Pieds très-robustes, à végétation rampante ; feuillage rude, fort, vert foncé en dessus, couleur de rouille en dessous ; très-rustique et bien portant, énormément productif. Dans quelques localités, cependant, souvent sujet à la carie noire sur les vignes vieilles. Sa belle apparence en fait un des raisins les plus recherchés pour le marché, et, quoiqu'il ne soit pas de première qualité, le goût populaire s'est si bien habitué à lui qu'on le vend mieux que des variétés supérieures d'une apparence moins agréable. Dans les dix dernières années, on a planté plus de vignes de cette variété que de toutes les autres ensemble.

Le Concord fait un vin rouge léger, qui est en voie de devenir la boisson des travailleurs ; peut être produit à assez bon marché, est très-agréable au palais et a un effet particulièrement réconfortant sur l'ensemble du système. On peut aussi en faire du vin blanc en pressurant les raisins sans les faire fermenter. Poids spécifique du moût, environ 70°.

CONCORD

La rusticité, la fertilité et la vogue du Concord ont fait faire beaucoup de tentatives pour en obtenir des variétés par semis, en vue de nouvelles améliorations, mais jusqu'à présent sans grand succès. Quelques-unes de ces variétés ont reçu des noms, mais restent à peu près inconnues, excepté de leurs obtenteurs, et ne sont probablement pas suffisamment distinctes de leur parent ou ne lui sont pas supérieures.

Le *Black Hawk* et le *Cottage* sont seulement plus précoces.

Le *Main* a été annoncé comme plus précoce, mais s'est trouvé être un Concord, sous un autre nom.

Le *Modena*, obtenu par A.-J. Caywood de Poughkeepsie, N.-Y. ;

Le *Paxton,* par F.-F. Merceron, de Catawissa, P. ;

Le *Worden's seedling*, par S. Worden, Minetta, N.-Y. ;

Le *Young America.* par Sam. Miller, de Bluffton, Mo., ressemblent tout à fait au Concord. Ne sont pas propagés.

Ces expériences ont montré que le Concord avait une tendance prononcée à produire des variétés *blanches,* dont le *Martha* est la plus ancienne et est devenue l'une des plus importantes.

L'*Eva* et le *Macedonia,* obtenus tous deux par Sam. Miller, de graines de Concord, étaient semblables, mais non supérieurs au Martha, et ont été par suite abandonnés par l'obtenteur.

Le *Golden Concord,* par John Valle, de New-Haven, Mo., est aussi tellement identique au Martha que nous ne pensons pas qu'il mérite d'être propagé comme variété distincte.

F. Muench, P.-J. Langendorfer, J. Balsiger et plusieurs autres, ont obtenu des semis de Concord blanc. Quelques-uns peuvent se montrer supérieurs au Martha (l'un d'eux en particulier, le n° 32 de Balsiger, a à peine le goût foxé ; son moût pèse 84° ; il a mûri le 15 août sous notre latitude et est resté en bon état sur la souche jusqu'en octobre). Si, après un plus long examen, certains d'entre eux se montrent aussi supérieurs qu'on l'a dit, alors, et seulement alors, ils seront dénommés et disséminés.

Le *Lady* (voir la description) est donné comme un progrès sur le Martha et est recommandé comme tel par de bonnes autorités.

De plus grands progrès ont été accomplis, il est vrai, par le croisement du Concord et de variétés européennes ; mais, tandis qu'on obtenait ainsi des vignes d'un mérite supérieur, des doutes se sont en général élevés sur leur rusticité, leur vigueur et leur fécondité. (Voyez *Hybrides,* dans le Manuel.)

Concord Chasselas. — Hybride provenant d'une graine de Concord, obtenu par Geo.-W. Campbell, de Delaware, O., qui en donne la description suivante :

« *Grappe* assez longue, ordinairement ailée, d'une belle compacité, sans être trop serrée ; *grains* gros, ronds ; peau très-mince, mais tenace, et à demi transparente ; pepins très-nombreux et très-petits ; quand la maturité est complète, les grains sont d'une riche couleur d'ambre, avec une légère fleur blanche. Presque identique d'aspect avec le Chasselas doré exotique. Chair parfaitement tendre et fondante, juste assez vineuse et acide pour ne pas rassasier le goût le plus délicat. Entièrement exempte de toute trace de saveur foxée et pouvant satisfaire le palais le plus gâté par l'habitude des vins d'Europe ; mûrit à la même époque que le Concord. La vigne est d'une végétation très-vigoureuse ; feuillage grand, épais et abondant, résistant au *mildew* aussi bien que le Concord, dans des localités qui y sont très-exposées. Réussira probablement dans toutes les régions où la vigne américaine peut être cultivée avec succès et avec avantage.

Concord Muscat. — Obtenu aussi d'une graine de Concord par Geo.-W.

Campbell, de Delaware, O. qui, en donne la description suivante : « *Grappe* longue, modérément compacte, quelquefois ailée; *grains* très-gros, ovales ; peau mince, un peu opaque ; pepins peu nombreux et petits ; couleur claire, blanc verdâtre, à fleur délicate; chair extrêmement tendre et fondante , sans pulpe ni astringence près des pepins; bouquet riche, sucré, légèrement subacide, avec l'arome particulier qui fait le charme et le mérite distinctifs des Muscats étrangers et des Frontignans. Il y a réellement peu de raisins, parmi les espèces étrangères les plus admirées, qui égalent cette variété en bouquet et en distinction. Vigne très-vigoureuse ; feuillage grand et modérément épais; résiste au *mildew*, excepté dans des années très - défavorables. Sous ce rapport, il l'emporte sur l'Eumelan, le Delaware, le Clinton ou les Hybrides de Rogers, mais il n'égale pas le Concord.»

Conqueror. — Semis obtenu par le Rév. Asher Moore, N.-J. Croisement entre le Concord et le Royal Muscadine. Précoce. *Grappes* longues, lâches, ailées ; *grains* moyens, noirs, brillants avec fleur ; chair légèrement pulpeuse, juteuse, douce. Plante à végétation franche, rustique, saine et prolifique.

Cornucopia (Hybride d'Arnold, n° 2). — Semis de Clinton croisé avec le Black St-Peters. Vigne ressemblant beaucoup au Clinton pour l'aspect, mais supérieure à lui pour la dimension du grain et de la

CORNUCOPI

grappe et très-supérieure pour le bouquet; plante saine et portant beaucoup. La Société d'horticulture de Paris, Canada, en a fait le rapport suivant : « C'est certainement une des meilleures vignes de toute la collection des Hybrides de M. Arnold; c'est une vigne qui promet beaucoup. » *Grappe* grosse, ailée, très-compacte; *grain* au-dessus de la moyenne, noir, recouvert d'une jolie fleur; bouquet excellent, ayant beaucoup de montant et agréable ; peau mince ; pepins gros, proportionnés à la grosseur du grain comme ceux du Clinton. Chair fondante, avec très-peu de pulpe, si même il y en a ; semble fondre dans la bouche ; tout jus, un peu acide et astringent ; mûrit comme le Concord. Bon raisin pour le marché et se conservant bien. Bon également pour la cuve ; mais, chez nous, pas aussi bon que le Canada.

Cottage (*Labr.*). — Semis de Concord élevé par E.-W. Bull, l'obtenteur de cette variété. Végétation forte, vigoureuse ; feuilles remarquablement grandes et coriaces ; *racines* abondantes, fortes et branchues ; *grappe* et *grains* à peu près de la dimension de ceux du Concord; de meilleure qualité que son parent, avec moins de goût foxé que lui. Promet bien comme résistance au phylloxera.

M. Bull, dans ses efforts heureux pour améliorer nos vignes indigènes, commença par semer les pepins d'une vigne sauvage (*V. labrusca*), de laquelle il obtint des plants. Il sema alors les pepins qu'il obtint de ceux-ci, et en obtint d'autres, parmi lesquels le Concord. Il éleva alors 2000 semis avant d'en obtenir un qui surpassât le Concord. A la quatrième génération, par conséquent avec les arrière-petits-enfants du Concord, il obtint des plants bien supérieurs au Concord et presque égaux à la vigne d'Europe (*V. vinifera*). Il semble qu'il n'y ait pas raisonnablement du doute à avoir que, comme le pense M. Bull, la vigne sauvage peut, au bout de quelques générations, être élevée, sous le rapport de la qualité, au niveau de la vigne d'Europe[1]. — Rapport agricole des États-Unis pour 1867 (*U. S. Agric. Report for* 1867.)

Cowan, ou Me Cowan *(Cord.)*. — *Grappe* et *grain* moyens, noirs, un peu âpres et rudes. Pas recommandable. — Downing.

Creveling. Syn.: Catawissa, Bloom, Columbia County (*Labr.*). — Pennsylvanie.

Grappes longues, lâches sur les jeunes vignes, mais sur les vieilles quelquefois aussi compactes que celles du Concord ; *grains* moyens ou gros, légèrement ovales, noirs, avec fleur bleue; chair délicate, juteuse et douce ; bonne qualité ; mûrit de bonne heure, quelques jours après l'Hartford et avant le Concord. Vigne à belle végétation, saine et rustique ; peut être plantée à 6 pieds d'écartement, sur les coteaux au nord et au nord-est. *Racines* épaisses, verruqueuses, relativement peu nombreuses ; texture molle, avec un liber épais, formant de jeunes fibres très-lentement ; sarments longs et rampants, grêles, à entre-nœuds longs, avec peu de branches latérales; bois mou, d'une couleur rougeâtre, avec une grosse moelle.

Dans tous ces caractères, il n'y a pas trace de l'*Æstivalis,* dans la classe duquel quelques personnes voudraient faire entrer le Creveling.

Cette vigne a, pendant un certain temps, gagné rapidement dans l'opinion ; mais elle ne le méritait pas, étant souvent improductive, et nouant son fruit imparfaitement. Dans une saison favorable et un bon sol, bien travaillé, passablement riche, elle donne un fruit de table rémunérateur, précoce et agréable. Elle ne doit être absente d'aucun jardin ou d'aucune collection d'amateur.

M. Husmann dit qu'elle fait un excellent vin de Claret (Bordeaux), intermédiaire entre le Concord et le Norton's pour le corps, et supérieur à l'un et à l'autre en bouquet. Moût, 88°.

Croton. — Hybride du Delaware et du Chasselas de Fontainebleau, obtenu par S.-W. Underhill, de Croton-Point, N.-Y. A porté son premier fruit en 1865. En 1868 et les années suivantes, il obtint des prix aux Sociétés de N.-Y., de Pennsylvanie et de Massachusetts, et à d'autres Expositions de raisins, y attirant une attention marquée. F.-R. Elliot, autrefois de Cleveland, O., dit : « Le Croton est, parmi les espèces

[1] Il va sans dire que les traducteurs n'acceptent pas la responsabilité d'une opinion aussi optimiste. (*Note de la trad.*)

CROTON

blanches ou vertes, ce qu'est le Delaware parmi les rouges. »

Grappe, souvent de 8 à 9 pouces (20 à 22 centimètres) de long, modérément compacte et ailée; le haut souvent aussi gros que la grappe elle-même, et les grappillons fréquemment ailés; *grains* de grandeur moyenne, de couleur claire, jaune verdâtre, transparents et d'une apparence remarquablement délicate; chair fondante et douce jusqu'au bout; qualité excellente, rappelant beaucoup le Chasselas par le parfum et le caractère; mûrit de bonne heure.

Quelques pomologues très-éminents disent que c'est un des meilleurs raisins rustiques qu'ils aient goûtés, et prétendent que la vigne est rustique, vigoureuse et productive. Notre propre expérience n'est, jusqu'à présent, pas aussi favorable; chez nous, il paraît plutôt délicat, d'une végétation faible, avec une tendance au *mildew* et à la carie noire.

Nous ne pouvons pas le recommander pour la grande culture, mais seulement comme un fruit d'amateur nouveau et intéressant.

CUNNINGHAM

Cunningham. Syn.: Long. (*Æst.*). — Vigne du Sud, appartenant à la même classe que l'*Herbemont;* est né dans le jardin de M. Jacob Cunningham, Prince-Edward county, Va. Le Dr D.-N. Norton, éminent agronome, le même qui a cultivé le premier et fait connaître notre précieux Norton's Virginia, fit du vin avec le Cunningham en 1855, et remit à M. Prince aîné, de Flushing, Long-Island, le pied au moyen duquel cette variété a été répandue directement ou indirectement. Le docteur

Norton déclara que ce vin ressemblait beaucoup à la célèbre marque de Madère de Murdock et Cᵒ. Le Cunningham est TRÈS-PRÉCIEUX pour les pentes au midi, à sols pauvres, légèrement calcaires, sous cette latitude et plus au sud. *Grappe très-compacte et lourde, moyenne, souvent, mais pas toujours ailée ; grains petits, noir brun, juteux et vineux.* Vigne à forte végétation, bien portante et fertile ; pour cela, cependant, elle a besoin d'une taille à coursons sur les branches latérales et d'une légère couverture l'hiver [1]. *Racines de moyenne épaisseur, ayant une tendance à la raideur (wiry), droites, rugueuses, à liber uni, dur,* sur lequel le phylloxera n'a que peu d'influence, quand bien même il puisse se trouver en nombre sur les jeunes radicelles ; l'une des variétés les plus résistantes à l'insecte. Sarments peu nombreux, mais très-forts et vigoureux, atteignant souvent une longueur de 30 à 40 pieds (9 à 12 mètres) dans une saison ; branches latérales de dimension moyenne et bien développées ; bois dur, à moelle de grandeur moyenne ; écorce dure, épaisse, adhérant fortement, même sur le bois mûr, caractéristique commune à toute la classe des *Æstivalis*. Mûrit son fruit tard et fait un des vins les plus parfumés et les meilleurs, d'une couleur jaune foncé. Moût, 95° à 112°.

Cuyahoga. Syn. : WEMPLE (*Labr.*).—Semis dû au hasard, trouvé et cultivé par Wemple, Collamer, Cuyahoga County, O. Plante à forte végétation ; demande un sol chaud, sablonneux, et une exposition au nord, pour se faire apprécier ; mais quand elle a poussé bien, elle est de bonne qualité. Dans le Sud, elle perd son feuillage et n'a pas de mérite. *Grappe moyenne, compacte ; grain moyen, verdâtre ambré quand il est bien mûr ; chair délicate, juteuse, douce.* Mûrit comme le Catawba ou un peu plus tard.

[1] Cette précaution ne paraît pas devoir être nécessaire sous notre climat, si l'on en juge par la manière dont le Cunningham a supporté nos hivers depuis qu'on le cultive dans nos contrées du Midi. (*Note de la Trad.*)

Cynthiana. Syn. : RED RIVER (*Æst.*). — Reçu par Husmann en 1858, de William R. Prince, Flushing, Long Island, New-York. Origine : Arkansas, où on l'a trouvé probablement à l'état sauvage. C'est un véritable *Æstivalis* dans toutes ses habitudes, et il ressemble tellement au Norton's Virginia qu'il est impossible de différencier leur bois ou leurs feuilles ; la grappe est cependant un peu plus ailée, et le grain plus juteux et un peu plus doux. *Grappe de grandeur moyenne, modérément compacte, ailée ; grain au-dessous de la moyenne, rond, noir, à fleur bleue, doux, épicé, modérément juteux. Jus rouge très-foncé ;* pèse beaucoup à l'aréomètre, plus même que celui du Norton's Virginia ; fait, jusqu'à présent, *notre meilleur vin rouge.* Possède autant de corps que le Norton's Virginia, est d'un parfum exquis, beaucoup plus délicat que le Norton's, et peut en toute sécurité être mis en ligne avec les vins de Bourgogne les plus choisis. Le Norton's semble pourtant posséder des ingrédients médicinaux (tannin) à un plus haut degré. Vigne vigoureuse et saine, productive, donnant *ici* des récoltes de fruits bien mûris, aussi bien qu'aucune variété à nous connue ; mais très-difficile à propager, son bois étant très-dur, avec une petite moelle et une écorce extérieure très-adhérente. Depuis qu'il nous a donné sa première récolte, en 1859, nous n'y avons jamais vu un seul grain pourri. Le fruit mûrit quelques jours plus tôt que le Norton's et le Catawba. Poids spécifique du moût, de 98° à 118°, suivant la saison. Si nous pouvons recommander avec assurance le *véritable* Cynthiana comme la *meilleure vigne* pour vin rouge que nous ayons essayée, nous devons en même temps mettre le public en garde contre les vignes fausses qui ont été mises en circulation sous ce nom.

Nous empruntons la description ci-dessus en partie à M. Husmann, de qui nous reçûmes notre premier pied de cette variété. Nous en avons maintenant environ 2,000 pieds en rapport Notre vin de Cyn-

CYNTHIANA

thiana a obtenu la première médaille de mérite à l'Exposition universelle de Vienne en 1873, et remporte de nouveaux succès à chaque dégustation. La Commission du Congrès de Montpellier (France) a dit dans son rapport : « Le Cynthiana de M. Bush est un vin rouge d'une belle couleur, riche en corps et en alcool, qui nous rappelle le vieux Roussillon. » Il parle de même du Cynthiana exposé par MM. Poeschel et Scherer. M. Nuesch, du vignoble Ouachita, du D' Laurence, près Hot Spring, Ark., qui a reçu ses plants de chez nous, dit: « Nous trouvons le Cynthiana plus rustique que le Norton's et un peu plus précoce de quelques jours. » Le jus du Cynthiana, dépasse celui du Norton's en matière sucrée de 10° environ à l'échelle d'Œchsle ; il pèse environ 112°. M. Muench nous écrit : « On ne saurait assez dire en faveur du Cynthiana. Son vin, à l'âge de deux ou trois ans, n'est dépassé par aucun des meilleurs vins rouges de l'Ancien Monde. » Nous le regardons comme notre *vin rouge le meilleur et le plus méritant*, et nous avons apporté le plus grand soin et une attention spéciale à la propagation de cette variété , en sorte que nous pouvons en offrir maintenant des plants de premier choix, d'une authenticité certaine, avec des racines fortes, saines et à l'abri de l'insecte, à un prix relativement modéré.

Dana. — Semis obtenu par Francis Dana, de Roxbury, Mass., et décrit dans les «Massachusetts Horticultural Transactions. » *Grappe* moyenne, ailée, compacte, ayant une tige particulière rouge; *grains* assez gros, presque ronds, *rouges*, recouverts d'une fleur riche et épaisse , de sorte qu'ils paraissent presque noirs quand ils sont bien mûrs; chair aussi exempte de pulpe que le Delaware ; pas aussi doux, mais plus alcoolique et vineux, sans être acide. Mûrit vers fin septembre.

Delaware. — Origine inconnue. A été trouvé il y a de longues années, dans le jardin de Paul H. Provost, Frenchtown, comté de Hunterdon, N.-J. Provost était un immigrant suisse et avait apporté avec lui plusieurs variétés de vignes exotiques, qu'il cultivait dans son jardin. Cette vigne fut connue d'abord sous le nom de *vigne italienne*, puis fut supposée être le « Traminer Rouge », ou un semis de cette variété. Nous avons de fortes raisons de croire que c'est un hybride entre la *V. labrusca* et la *V. vinifera*.

Cette variété, portée pour la première fois à la connaissance du public par A. Thompson, Delaware, Ohio, est considérée comme l'un des meilleurs, si ce n'est le meilleur des raisins américains. Malheu-

DELAWARE

reusement, par suite de diverses causes ;
elle ne réussit pas bien dans toutes les localités ; il faut ici qu'elle soit plantée dans
un sol profond, riche, ouvert et bien drainé,
sur des pentes tournées au nord-est et à
l'est, et elle demande une bonne culture
et une taille sur branches latérales courtes
(*pruning to short laterals*). Ses *racines* sont
effilées et peu disposées à se ramifier beaucoup, d'une dureté moyenne, avec un liber
assez mou. Sarments proportionnés en longueur et en épaisseur, avec un nombre normal de branches latérales. Bois dur, avec
une petite moelle. Le Delaware pousse len-
tement. On peut très-bien planter 1450
pieds à l'acre, cinq ou six pieds étant un
écartement suffisant. On a fait dernièrement
quelques essais de greffage du Delaware
sur Concord et Clinton, qui paraissent
avoir réussi. (Voyez *Greffage*, dans le
Manuel.) Le Delaware est extrêmement
rustique ; il supporte les hivers les plus
rudes, quand les vignes sont en bon état.
Dans certaines localités, comme le sud-ouest
du Missouri et l'Arkansas, il donne des récoltes certaines et abondantes, et est entièrement sans rival pour la production d'un
beau vin blanc. Mais, dans d'autres localités, il s'est montré sujet au *mildew* ou à
la rouille des feuilles, et cette disposition
est grandement aggravée quand on force
la production ; ce qu'on est sûr de pouvoir
faire, si on le lui permet. Il est très-sensible au phylloxera.

Grappe petite ou moyenne, compacte,
ordinairement ailée ; *grains* au-dessous de
la moyenne, ronds ; peau mince, mais tenace ; pulpe douce et tendre ; jus abondant, riche, vineux et sucré, ayant du
montant, rafraîchissant ; belle couleur
rouge clair ou pourpre marron, couverte
d'une fine fleur blanchâtre, et très-trans-
parente. Sans âpreté ni acidité dans sa
pulpe, qui est extrêmement douce, vineuse,
parfumée et qui a du montant. Mûrit de
bonne heure, environ huit jours plus tard
que l'Hartford prolific. Excellente qualité

pour la table comme pour la cuve. Moût,
100° — 118°. Acide, 5 à 6 par mille.

Le moût de ce raisin est généralement
si riche, et les proportions si bien équili-
brées, qu'il peut faire un vin de premier
choix, de beaucoup de corps et d'un joli
bouquet, *sans* manipulation ni addition.»
Husmann, U. S. *Report of agriculture*, 1867.

Les semis de Delaware et ses croisements ne sont que peu connus, bien que
d'innombrables essais aient été tentés pour
les obtenir. L'espoir de trouver parmi eux
un raisin d'une valeur supérieure, ayant
seulement des grappes et des grains plus
gros, mais de la même qualité que le Delaware, a été et sera probablement toujours déçu. Tous ces semis tiennent plus
ou moins du *Fox grape*. Ce fait et d'autres caractères (voyez le Manuel, *Tableau
des graines de vignes*, etc.) nous convain-
quent que son origine vient, en partie, de
cette espèce, bien que plusieurs horticulteurs et botanistes éminents classent le
Delaware parmi les *Æstivalis*, d'autres
parmi les *Riparia*. Il est vrai que la feuille
du Delaware paraît plus voisine des *Æstivalis ;* son bois est plus dur, plus difficile
à propager, et les vrilles ne sont pas continues (elles ne sont pas non plus réguliè-
rement intermittentes). Nous trouvons un
cas parallèle remarquable dans le Delaware de Sheppard, obtenu d'une graine de
Catawba, en 1853, par J.-V. Sheppard,
de qui Charles Downing le reçut avec son
histoire. Voici ce qu'il en dit : « *La vigne
et le fruit sont à tous égards semblables au
Delaware.* » Le Delaware blanc, variété
nouvelle, obtenue par G.-W. Campbell
d'une graine de Delaware, a un feuillage
grand, épais, « *ressemblant plus au Catawba
qu'au Delaware.* » Un autre semis de Delaware blanc, obtenu par H. Jæger, de
Neosho, possède les mêmes caractères, et
son fruit a un bouquet musqué.

Détroit (*Labr.?*) — On suppose que cette
variété est un semis de Catawba. On l'a trouvée dans un jardin à Detroit, Mich. N'en ayant

pas vu le fruit, nous co-
pions la description don-
née par l'*Horticulturist.*
Vigne très-vigoureuse et
rustique. Feuillage res-
semblant à celui du Ca-
tawba; bois à entrenœuds
courts ; *grappes* grosses,
compactes; *grains* très-
foncés, d'une riche cou-
leur brun clair, avec fleur
légère, ronds et régu-
liers. Chair très-peu pulpeuse, riche et sucrée.
Mûrit plus tôt que le Ca-
tawba.

Devereux (*Æst.*).
— Syn. : BLACK JULY,
LINCOLN, BLUE GRAPE,
SHERRY, THURMOND,
HART, TULEY, Mᶜ LEAN,
HUSSON (LENOIR, im-
proprement). — Raisin
du Sud ; appartient à
la classe de l'Herbe-
mont et du Cunning-
ham. Là où ce rai-
sin réussira, ce sera un
de nos meilleurs pour
le vin, car il produit
un vin blanc d'un bou-
quet excellent. Est
un peu sujet au *mil-
dew*, très-délicat, de-
mande un abri l'hiver.
Au nord du Missouri,
il ne faut pas l'essayer;
mais ici, il réussit ad-
mirablement sur les
pentes au midi, quand
la saison est très-favo-
rable, et nos viticulteurs du Sud, spécialement, devraient en planter un peu. *Grappe*
très-longue, lâche, ailée; *grain* noir, au-dessous de la moyenne, rond ; chair juteuse,
sans pulpe et vineuse; qualité très-bonne ;
plante à forte végétation et très-productive, quand elle n'a pas le *mildew.*

Diana (*Labr.*). — Semis de Catawba,

DIANA

obtenu par Mᵐᵉ Diana Crehore, Milton,
Massachusetts. M. Fuller fait remarquer
avec raison ce qui suit :

« Il n'y a probablement pas vé culture
de variété à l'égard de laquer bo existe
une plus grande diversité d'opinons, et sa
variabilité justifie pleinement toutce qu'on
en dit. Dans une localité, elle est réellement excellente, tandis que dans une au-

tre, souvent très-voisine, elle est entièrement sans valeur. On observe fréquemment ces différences dans le même jardin, et sans cause apparente.»

Le Diana paraît réussir le mieux dans les sols chauds, un peu secs et pauvres; une argile graveleuse ou sablonneuse paraît être le plus approprié à ses besoins. *Grappes* moyennes, très-compactes, accidentellement ailées; *grains* de grosseur moyenne, ronds, rouge pâle, recouverts d'une légère fleur lilas; chair tendre avec un peu de pulpe, douce, juteuse, avec un parfum de musc qui est très-fort jusqu'à ce que le fruit soit mûr complètement, et qui répugne souvent à certains goûts. Le fruit tourne de bonne heure, mais en réalité ne mûrit pas beaucoup plus tôt que le Catawba. Vigne à végétation vigoureuse, demandant beaucoup d'espace et une taille longue, et gagnant en fertilité et en qualité à mesure qu'elle vieillit. *Racines* peu nombreuses, mais longues et épaisses, d'une texture tendre, à liber épais; sarments gros et longs, avec peu de branches latérales et une moelle très-grosse. Il n'est ni aussi fertile, ni tout à fait aussi gros de grappe et de grain que son parent; mais quelques personnes le regardent comme supérieur en qualité, et il a généralement moins souffert de la carie noire. Ses grains tiennent bien, et l'épaisseur de sa peau le met à même de mieux supporter les changements de température; aussi le Diana gagne-t-il à rester sur la souche jusqu'après une bonne gelée. Comme variété pour l'expédition et la conservation, il n'a pas de rival. Les viticulteurs de l'Est le considèrent aussi comme recommandable pour la cuve. Moût, 80° à 90°; acide, 12.

Diana Hamburg. — Variété nouvelle, qu'on dit être un croisement entre le Diana et le Black Hamburg, et dont l'origine est due à M. Jacob . ore, de Rochester, N.-Y. *Grappes* géné, qui ent grandes, suffisamment compactes, ailées; *grains* au-dessus de la moyenne, légèrement ovales, d'une riche couleur rouge de feu quand ils sont bien mûrs;

chair tendre, d'un parfum très-doux, égal à celui de quelques-unes des meilleures espèces étrangères. Vigne à végétation faible, à bois ferme, à mérithalles courts, très-délicat; feuilles de moyenne grandeur, crispées et quelquefois enroulées; sujet au *mildew*. Son fruit mûrit après celui du Concord, mais avant celui du Diana, son parent. Nous pourrions avancer qu'au moins trois personnes différentes passent pour avoir fait cet hybride, et il est possible qu'il existe plusieurs croisements de l'exotique Black Hamburg avec le Diana. Le nôtre est de J. Charlton, Rochester, N.-Y., mais il s'est montré sans valeur. Nous pourrions aussi bien tenter de cultiver le Black Hamburg en plein air. Sa propagation devrait être abandonnée; c'est du moins ce que nous avons fait.

Don Juan. — Un des semis de M. Rickett, ressemblant beaucoup à son parent l'Iona. M. F.-R. Elliott dit: « Il est meilleur qu'aucun raisin rustique de sa couleur; le grain est à peu près de la grosseur de celui du n° 15 de Rogers, sa couleur est plus foncée et sa grappe plus grosse et meilleure; la chair est vineuse, douce et pétillante. » (Voyez nos remarques sur les semis de Rickett.)

Downing, ou CHARLES DOWNING.—Hybride obtenu par Jas.-H. Ricketts, Newburg, N.-Y., du Croton fertilisé par le Black Hamburg. «*Grappes* grosses, quelquefois ailées; *grains* gros, légèrement ovales, presque noirs, avec légère fleur; chair tendre, fondant un peu, dans le genre des variétés exotiques. Pour le bouquet, cette variété est de premier ordre, étant douce, avec juste assez de montant pour empêcher qu'on n'en soit rassasié. —Fuller.

On dit que la vigne a une végétation vigoureuse et un feuillage sain, ce qui s'explique par la nature de ses parents.

Dracut Amber (*Labr.*).—Doit son origine à J.-W. Manning, Dracut, Mass. Vigne très-vigoureuse. Nous ne la regardons que comme un *Fox grape* sauvage légèrement amélioré; très-précoce et très-fertile. *Grappes* grosses et longues, compactes, souvent ailées; *grains* gros, ronds; peau épaisse, rouge pâle, pulpeuse à laisser de côté, alors qu'on peut cultiver tant de variétés meilleures. Et cependant on introduit tous les jours des variétés *nouvelles*, tout à fait semblables, et très-peu préférables si même elles le sont le moins du monde. (*Voyez* Wyoming rouge.)

Early Hudson (Hudson précoce) (?) — Raisin précoce, rond, noir, de peu de valeur, si ce n'est comme curiosité, à cause de ce fait que plusieurs de ces grains ne contiennent pas de pepin. — Downing.

Elizabeth (*Labr.*). — Originaire de la ferme de Joseph Hart, près Rochester, N»-Y., et décrit dans le «Rural New-Yorker». *Grappes* grosses, compactes ; *grains* gros, ronds-ovales, blancs-verdâtres, avec une teinte pour pre du côté exposé au soleil. Chair assez pulpeuse, acide.

Elsinburgh. Syn. ELSINBORO, SMART'S ELSINBOROUGH (*Æst.*). — On le suppose originaire d'Elsinburgh, comté de Salem, N.-J. Excellent raisin d'amateur, de bonne qualité ; mûrit de bonne heure. *Grappes* moyennes ou grosses, un peu lâches, ailées ; *grains* petits, ronds ; peau épaisse, noire, couverte d'une légère fleur bleue ; chair sans pulpe, douce, vineuse. Feuille, profondément lobées, 5 lobes, vert foncé. unies ; bois à longs entre-nœuds et grêle. Sujet au *mildew*.

Elvira. — Semis de Taylor, obtenu par Jacob Rommel, de Missouri, considéré comme le nouveau raisin blanc pour la cuve le plus méritant que nous ayons maintenant. *Grappe* moyenne, très-compacte ; *grain* moyen, beaucoup plus gros que celui du Taylor, son parent ; rond, vert pâle avec fleur blanche, quelquefois teinté de stries rouges quand il est bien mûr ; peau très-mince, transparente ; les grains sont si serrés et la peau en est si mince, qu'ils éclatent quelquefois ; pulpe douce, très-tendre et juteuse ; bouquet agréable. Mûrit dix jours environ plus tard que le Concord. Vigne très-vigoureuse, poussant beaucoup du tronc, (*stocky-grower*), éminemment fertile, excessivement saine et rustique, ayant supporté sans couverture le rude hiver de 1872-1873. *Racines* semblables à celles du Clinton et du Taylor, promettant de jouir de la même immunité contre le phylloxera. Sarments forts et longs avec des branches latérales bien développées. Bois plus dur que celui du Taylor, avec moelle moyenne. Feuillage large et fort, d'un tissu plus ferme que les feuilles de son parent le Taylor ; un peu rouilleux et laineux en dessous, ce qui nous porte à considérer cette variété comme le produit d'un mariage accidentel entre deux espèces, le *Riparia* et le *Labrusca.*

M. Hermann Jæger, observateur attentif et viticulteur intelligent du sud-ouest du Missouri, dit justement (après une visite au vignoble de M. Rommel): « L'Elvira a toutes les bonnes qualités de son parent le Taylor, et est entièrement exempt de l'inconvénient de cette variété, — de petites grappes clair-semées et une pauvre qualité. La vigne d'Elvira primitive porte encore (1874) une énorme récolte ; 4 à 5 grappes d'un même bourgeon est la règle générale ; elles sont très-compactes, et grappe et grain sont deux fois aussi beaux que le plus beau Taylor que j'aie jamais vu. Le feuillage de l'Elvira montre bien son origine, quoi qu'il soit beaucoup plus grand et plus beau que celui du Taylor. Le dessous de la feuille rappelle légèrement le Fox grape. »

L'Elvira fera un excellent vin blanc, ressemblant au vin du Rhin. Ceci n'est pas seulement l'opinion de M. Rommel, mais d'autres encore, y compris nous-mêmes. M. Jæger, qui n'a pas d'intérêt pécuniaire dans cette affaire, écrivait à S. Miller (Colm. Rural World): » Dans votre localité et plus au nord, l'Elvira, pour la production d'un bon vin de Hock (vin du Rhin), est tout à fait sans rival. »

Sa propagation étant facile par bouture, l'Elvira sera bientôt essayé largement, et nous croyons qu'il deviendra l'un des premiers, nous dirons même le premier, des raisins à vin blanc des Etats du Centre.

Essex (Hybride de Rogers, n° 41). — *Grappe* de grosseur moyenne, compacte, ailée ; *grain* très-gros, noir, un peu aplati, ressemblant sous ce rapport à son ancêtre ; chair tendre et douce, avec un bouquet aromatique prononcé ; mûrit de bonne heure. Vigne vigoureuse, saine et prolifique.

Eumelan (Good black grape)(*Æst*)[1].—Cette variété fut trouvée comme semis dû au hasard à Fishkill, N.-Y., où elle a été cultivée, dans le jardin de MM. Thorne, pendant plusieurs années, donnant d'abondantes récoltes de raisins, remarquables à la fois par leur qualité et leur précocité. Les vignes originaires furent achetées par le Dr C.-W. Grant en 1866 (aujourd'hui Hasbrouck et Bushnell, île d'Iona), de qui nous reçûmes des plants de cette variété, probablement le *meilleur* raisin *précoce* que nous ayons. Nous en donnons la description d'après la circulaire du propagateur, le Dr Grant, laissant de côté cependant tous les éloges excessifs, qui, d'après nous, ont plus nui à son succès que n'ont pu le faire tous ses adversaires. *Grappes* de bonne dimension, de forme élégante et d'un degré convenable de compacité ; *grains* gros, de moyenne dimension, ronds, noirs, recouverts d'une jolie fleur, tenant à la grappe longtemps après leur maturité, chair déli-

cate, fondante, se réduisant toute en jus vineux sous une légère pression de la langue ; mûrissant de très-bonne heure (même avant l'*Hartford prolific*) et d'une manière uniforme jusqu'au centre. Bouquet pur et fin, très-sucré, riche et vineux, avec un large degré de cette qualité rafraîchissante qui distingue les meil-

EUMELAN

leurs raisins étrangers. *Racines* abondantes, épaisses, diffuses et de moyenne dureté ; liber épais, mais ferme. Plante à végétation forte, produisant un bois à mérithalles remarquablement courts, avec de

[1] Par une erreur typographique de notre première édition (1869), l'Eumelan y était désigné comme *Labr.*, et, à notre grand regret, cette erreur a été copiée et répétée depuis lors par plusieurs personnes, qui auraient dû mieux savoir ce qu'il en est. Mais, si c'est une négligence pardonnable chez ceux qui se sont bornés à copier nos descriptions, c'est évidemment plus qu'une négligence chez ceux qui entreprennent d'arranger et de décrire nos vignes indigènes par *espèces* et qui placent encore l'Eumelan parmi les Labrusca.

nombreuses et fortes branches latérales ; bourgeons gros et saillants ; bois dur, à petite moelle ; feuilles grandes, épaisses, noires, d'un tissu solide (ressemblant d'une manière frappante à l'Elsinburgh). Quoiqu'il soit sujet au *mildew* dans quelques localités et quand la saison n'est pas favorable, nous le recommandons comme un raisin très-joli, rustique, sain et précoce. L'Annuaire horticole américain pour 1869 dit de l'Eumelan : Cette variété a fait ses preuves dans plusieurs localités. Elle s'est montrée chez nous, près de New-York, remarquablement saine de feuillage, et a remporté plusieurs prix à diverses Expositions, comme le *meilleur raisin noir*. D'un autre côté, dans plusieurs localités, on a trouvé qu'il n'avait pas répondu à l'attente générale. Dans nos propres vignobles à Bushberg, il s'est montré tel qu'on l'avait vanté, c'est-à-dire sain, rustique, précoce, fertile et de *très-belle* qualité.

Peut-être avec aucune autre variété n'est-il aussi important de ne livrer que de *bons* et *forts* plants ; et nous croyons que la grande diversité d'opinions qui règne à l'égard de ce raisin tient à ce fait qu'un grand nombre de vignes de cette variété, expédiées au dehors, ont été de pauvres et faibles plantes, qui n'ont jamais rien valu depuis lors et ne vaudront jamais rien.

L'Eumelan fait un vin rouge supérieur (d'après Mottier, North-East, Pennsylvanie, moût 93°, et à l'épreuve faite à Hammondsport jusqu'à 104°, avec 4 pour mille d'acide seulement), et, s'il se montrait généralement d'une réussite plus facile, il occuperait un rang élevé parmi les raisins pour la cuve.

Nous donnons la figure d'une grappe et d'une feuille, réduites, et celle d'un grain de grandeur naturelle.

Eureka (*Labr.*).— Semis d'Isabelle, dont l'origine est due à S. Folsom, d'Attica, comté de Wyoming, N.-Y., ressemblant pour l'aspect à son parent, mais recommandé comme plus précoce, plus rustique, plus sain, comme ayant un bouquet plus agréable et comme se conservant mieux. Depuis lors, M. Folsom a obtenu huit semis d'Eureka, non croisés, à moins que ce ne soit par accident ; on les dit remarquables par la précocité, le petit nombre des pepins et d'autres bonnes qualités.

Flora (*Labr.?*).—Origine : Philadelphie, Pa. *Grappe* petite, compacte ; *grain* petit, à peu près rond, ovale, rouge pourpre. Chair un peu pulpeuse, acide au centre, juteuse, vineuse. Mûrit à peu près comme l'Isabelle. Vigne rustique et fertile. — *Downing*.

Flowers. Syn.: BLACK MUSCADINE (*Vitis vulpina* ou *rotundifolia*). — Variété du type Scuppernong. *Grains* gros, disposés en *grappes* de 10 à 20, noirs, doux. Mûrit très-tard ; reste sur la souche jusqu'aux gelées. On dit qu'il fait un vin rouge riche et excellent. Ne manque jamais de produire une récolte, et est parfaitement exempt de toute espèce de maladie. Est très-estimé en Géorgie, dans l'Alabama et la Caroline du Sud, à cause de sa tardivité ; il n'arrive que quand le Scuppernong est passé. M. Berckmans, de la Géorgie, dit qu'il n'est pas tout à fait aussi bon que le Scuppernong (!) et qu'il est à peu près de la même grosseur.

Flower of Missouri. — Nouveau semis de Delaware, obtenu par M. M. Poeschel, Hermann, Mo. N'est pas mis au commerce et ne le sera probablement jamais. Il possède à la fois les qualités et les défauts du Walter.

Framingham. — Peut-être pas identique avec l'Hartford prolific, mais seulement une reproduction de cette variété ; en tout cas, il lui ressemble tellement qu'il n'aurait pas dû être introduit comme variété nouvelle.

Franklin. (*Cord.*). — A les allures et la végétation du Clinton, mais ne produit pas aussi bien. *Grappe* petite, pas très-compacte ; *grain* petit, noir, juteux, tout à fait acide, âpre ; sans valeur. — *Downing*.

Gærtner (Hybride de Rogers, n° 14). — N'a pas encore fructifié chez nous, et est peu connu. L'Hon. Marshal P. Wilder en donne la description suivante : *grappe* de bonne grosseur ; *grain* moyen ou gros ; couleur brun clair ou rouge ; peau mince ; bouquet agréable et parfumé ; assez précoce ; vigne saine et fertile. — *Grape Culturist*.

10

GOETHE (Hybride de Rogers, n° 1)

Goethe (Hybride de Rogers, n° 1). — Cette précieuse variété est peut-être plus exceptionnelle et possède dans son fruit, plus qu'aucun autre Hybride de M. Rogers, le caractère de l'espèce d'Europe : cependant la plante est une des plus rustiques, des mieux portantes et des plus fertiles que nous ayons. Tardive dans le Nord, elle n'y mûrit pas toujours ; mais ici elle produit et mûrit parfaitement une bonne récolte de beaux raisins exempts de la carie noire et d'imperfections de tout genre, pourvu qu'elle soit dans un bon sol riche et qu'on ne la laisse pas trop porter, ce qui ruinerait sa santé et sa fertilité pour les années suivantes, si ce n'est pour toujours. Un sol sablonneux paraît favoriser le bon état de sa santé. Les *racines* du Goethe, quoique épaisses (généralement d'un extérieur maigre et verruqueux), sont faibles, et dans un sol argileux deviennent bientôt la proie du phylloxera. La plante a une végétation très-vigoureuse, et fait de forts et longs sarments, avec des branches latérales bien développées. Bois assez mou, avec moelle modérée. A la réunion d'automne de l'Association des viticulteurs de la vallée du Mississipi, le 9 septembre 1868, nous exposâmes pour la première fois quelques branches de cette vigne, ayant chacune plusieurs grappes parfaites, qui furent fort admirées et qui auraient probablement étonné l'obtenteur lui-même, s'il avait pu les voir. Nous fîmes photographier la plus petite, qui était d'une bonne grosseur normale, et nous en avons fait graver une copie exacte, expressément pour ce catalogue. Les *grappes* sont moyennes ou grandes, pas tout à fait compactes, occasionnellement ailées ; *grains* très-gros, oblongs, d'un vert jaunâtre, quelquefois taché et rouge pâle du côté exposé au soleil; peau mince, transparente; chair tendre et toute fondante, peu de pepins, douce, vineuse et juteuse, avec un arome particulier qui est délicieux ; excellent pour la table et pour la cuve. Poids pécifique du moût, 78°. A tous égards,

raisin *extrêmement recommandable* pour notre latitude.

Golden Clinton, Clinton doré. Syn.: KING (*Cord.*). — Semis de Clinton, auquel il ressemble beaucoup, avec cette différence que ses grains sont blancs-verdâtres et qu'il est beaucoup moins fertile. Nous avions douté pendant quelque temps de l'authenticité des plants que nous avions sous ce nom et, à cause de cela, nous n'en faisions pas d'envoi au dehors. Nous avons obtenu depuis lors le vrai Clinton doré de deux sources sûres, et l'avons fait fructifier seulement pour savoir si M. Campbell a raison de dire : « Il ne conserve pas le caractère indiqué par ses premiers introducteurs. *Grappes* petites, rares et irrégulières ; *grains* petits et de qualité inférieure. Non recommandable. »

Graham. — Semis dû au hasard, introduit par W. Graham, de Philadelphie. *Grappe* de grosseur moyenne, non compacte ; *grain* d'un demi-pouce de diamètre, rond, pourpre, recouvert d'une épaisse fleur-bleue; contient peu ou pas de pulpe, abonde en jus d'un parfum agréable. Pauvre végétation et pauvre production. — Downing.

Hartford prolific (*Labr.*). — Le type de la précocité parmi les raisins. Obtenu par M. Steel, de Hartford, Conn., il y a vingt-cinq ans. Est bien connu et planté généralement comme variété pour le marché, très-fertile et précoce ; mûrit ici de bonne heure en août, environ dix jours avant le Concord, mais laisse tomber ses fruits dès qu'ils sont mûrs et est toujours de pauvre qualité. Vigne très-saine et rustique; produit d'énormes récoltes. *Grappes* grosses, ailées, un peu compactes ; *grains* ronds, moyennement pleins, noirs ; chair pulpeuse, juteuse, avec un goût foxé ; *racines* très-abondantes, branchues et fibreuses, d'une épaisseur et d'une résistance moyennes; liber passablement ferme. Sa bonne puissance de résistance au phylloxera est due probablement plus à l'excessive force de végétation de ses racines qu'à la contexture de la racine elle-même. Sarments forts, avec des nœuds fortement courbés, des branches latérales bien développées et un duvet considérable sur la jeune pousse. Bois dur avec peu de moelle. On en a fait du vin passable , mais nous ne pouvons pas le recommander pour cet emploi. Il n'est estimé par certaines pertaines personnes que comme raisin de marché, à cause de sa précocité et de sa fertilité ; mais même comme tel il est inférieur à plusieurs autres. (Le Framingham et le Seneca sont presque identiques à l'Hartford).

Hattie ou Hettie. — Il y a trois vignes de ce nom, ou dont les descriptions diffèrent. L'une doit son origine à MM. N.-R. Haskel, Monroe, Mich.,décrite comme donnant un raisin luisant, rouge clair, transparent. L'autre, introduite par E.-Y. Teas, de Richmond, Ind., donne un raisin gros, ovale, noir, « plus précoce, plus gros et meilleur que le Concord et l'Isabelle. » Enfin une autre, d'origine inconnue: *grappe* petite ; *grain* noir; chair un peu pulpeuse ; pauvre végétation et pauvre produit, mais maturité précoce. Toutes les trois sont inconnues ici.

Herbemont. Syn.: WARREN, HERBEMONT'S MADEIRA, WARRENTON, NEIL GRAPE (*Æst.*). — Origine inconnue, propagé dès 1798 d'une vieille vigne existant sur la plantation du juge Huger, Columbia, S. C. M. Nicolas Herbemont, viticulteur entreprenant et enthousiaste, l'y trouva et, d'après la vigueur de sa végétation et sa parfaite acclimatation, supposa d'abord avec raison qu'il y était indigène ; plus tard il apprit qu'on l'avait reçu de France en 1834, et il crut qu'il en était ainsi. Mais la même vigne fut trouvée à l'état sauvage dans le comté de Warren, Ga., et y est connue sous le nom de vigne de Warren. Les meilleures autorités le classent maintenant comme un membre de la famille des *Æstivalis* du Sud. — C'est une vigne indigène, appelée avec raison par Downing *bags of wine*, sacs à vin. Une des meilleures vignes, une de celles sur lesquelles on peut le plus compter à la fois pour le raisin à manger et pour le vin, spécialement appropriée à nos coteaux à sol calcaire. On ne doit pas la planter plus loin vers le Nord, et même ici il faut la couvrir en hiver[1]. Pour ceux qui ont pris cette petite peine, elle a produit presque toujours une récolte splendide, et a été si énormément productive qu'elle a largement payé ce léger supplément de travail. Pour quelques-uns de nos États du Sud, cette vigne sera une source de richesse. — *Grappes* très-grandes, longues, ailées et compactes ; *grains* petits, noirs, à belle fleur bleuâtre ; peau mince ; chair douce, sans pulpe, juteuse et à bouquet marqué ; mûrit tard, quelques jours après le Catawba. *Racines* de moyenne épaisseur, à liber uni, dur, résistant au phylloxera, en France aussi bien qu'ici. Sarments forts, lourds et longs; branches latérales bien développées. Bois dur, à moelle de dimension moyenne et à écorce extérieure épaisse et ferme. Végétation très-vigoureuse, avec le plus beau feuillage ; pas sujet au *mildew* et très-peu à la carie noire. Dans les sols riches, est quelquefois un peu délicat, fait trop de bois et paraît moins fertile; tandis que dans un sol calcaire, chaud et un peu pauvre, à l'exposition du midi, est parfaitement sain et énormément productif, excepté dans les années très-défavorables, quand toutes les variétés à demi délicates manquent. M. Werth, de Richmond, Va., dit: « J'ai obtenu la récolte la plus uniformément abondante, saine et complétement mûrie, pendant une série d'années, sur un sol imparfaitement drainé et assez compact.» La figure ci-jointe donne une idée de la beauté et de la richesse de la grappe. Poids spécifique du moût, environ 90°. Le jus naturel pressé, sans que la grappe soit écrasée, fait un vin blanc, ressemblant aux

[1] Dans le midi de la France, les dernières pousses d'automne ont été en partie tuées en 1875, mais le gros des sarments a été respecté et a parfaitement aoûté. Le dommage produit sur des pousses exceptionnellement tardives est absolument insignifiant, et la rusticité générale de ce cépage sous notre climat n'en est pas affectée.   J.-E. PLANCHON.

HERBEMONT

délicats vins du Rhin ; si on le fait fermenter quarante-huit heures dans la cuve,
il donne un très-joli vin rouge pâle. Le
Congrès de Montpellier l'a qualifié d'« assez agréable, rappelant le goût des vins
de l'est de la France. »

Il semble qu'on a obtenu très-peu de
semis de l'Herbemont, du moins nous n'en
connaissons aucun qui ait été répandu.
Un semis d'Herbemont est mentionné par
le Dr Warder, dans sa description de l'E-
cole de vignes de Longworth (Longworth
School of vines). Le *Pauline* (voyez la description) est peut-être un semis d'Herbe-

mont, le *Muscogee* également; mais on sait peu de chose de ces variétés. Si nous avions l'intention d'obtenir de nouvelles vignes de semis (intention que nous n'avons pas), nous choisirions l'Herbemont presque de préférence à toute autre variété.

Herbert (n° 44 de Rogers). *Labrusca* fécondé par le Black Hamburg. *Grappe* grosse, un peu longue et lâche ; *grain* de grande dimension, rond, quelquefois un peu aplati, noir; chair très-douce et tendre. Précoce et fertile.

Hermann. — Cette nouvelle vigne est un semis de Norton's Virginia, obtenu par M. P. Langendoerfer, près Hermann, Mo. La vigne primitive a donné des fruits à son obtenteur en 1863, et des greffes fructifièrent abondamment en 1864. Voilà maintenant près de dix ans qu'on l'essaye dans des localités différentes, et elle s'est montrée sans défaut quant à la végétation, au feuillage et au fruit. Le moût, éprouvé à l'appareil Œchsle, a donné 96°, et a varié depuis lors de 94° à 105°. *Grappe* longue et étroite, rarement ailée, compacte, souvent longue de neuf pouces (22 à 23 centimètres); les ailes, quand il y en a, ayant l'apparence d'une grappe séparée; *grain* petit, à peu près de la même dimension que celui du Norton's, rond, noir avec une fleur bleue, modérément juteux, jamais attaqué par la carie noire ou le *mildew ;* mûrit très-tard, quelques jours plus tard que le Norton's. Le jus est d'un jaune brunâtre, faisant un vin de la couleur du sherry brun ou du madère, de beaucoup de corps et d'un bouquet très-fin, ressemblant au madère. Notre ami Sam. Miller dit : «Le vin d'Hermann possède un parfum particulier que ne possède aucun autre vin américain, et, si j'étais *teetotaler* (membre d'une société de tempérance), j'aimerais avoir de ce vin, rien que pour le plaisir de le sentir. Je propose de donner à ce vin le nom d'*Harmonie,* car il la produira. » Les dégustateurs français, au Congrès de Montpellier, ont déclaré l'Hermann « bien droit de goût, particulièrement bon et corsé.» Vigne à forte végétation et très-fertile, ressemblant au Norton's par le feuillage (les feuilles sont cependant d'une couleur plus claire), par les tiges couvertes de fils particuliers blancs argentés, semblables à des cheveux, et par les feuilles un peu plus profondément lobées. Il est, comme son ancêtre, très-difficile à propager, et réussit rarement de bouture en pleine terre. *Racines* raides, très-fortes, fibreuses, à liber dur, uni, bravant toutes les attaques du phylloxera. Sarments d'épaisseur moyenne, d'une grande longueur et vigueur ; branches latérales modérément nombreuses. Les sarments se bifurquent souvent en forme de fourche, ayant un double bourgeon à la base, particularité beaucoup plus fréquente chez lui que chez aucune autre variété que nous connaissions. Bois très-dur , avec une petite moelle.

Nous avons étudié cette vigne de près et avec un intérêt particulier. Nous nous sommes fermement convaincus que c'est une addition importante à la liste de nos raisins à vin. Si la fertilité, la rusticité, la santé de la plante et la supériorité du vin, sont pour une nouvelle variété des titres à la considération, celle-ci les mérite bien auprès de nos viticulteurs. Son vin est entièrement différent de tout ce que nous avons; nous espérons que ce sera le *Madère américain,* après lequel soupirent nos connaisseurs. Au concours de vins, à Hermann, Mo., qui eut lieu le 17 mai 1869, l'Hermann attira l'attention générale. On lui décerna un prix extraordinaire.

Que nos lecteurs ne supposent pas cependant que ce sera une vigne universelle. Elle est très-recommandable pour notre contrée et pour celles qui sont plus au sud; « il est regrettable qu'elle n'ait pas encore été cultivée d'une manière plus étendue »; mais, beaucoup plus au nord, son fruit atteindra difficilement la perfection nécessaire pour faire un vin supérieur, à cause de sa maturité tardive. On trouvera, croyons-

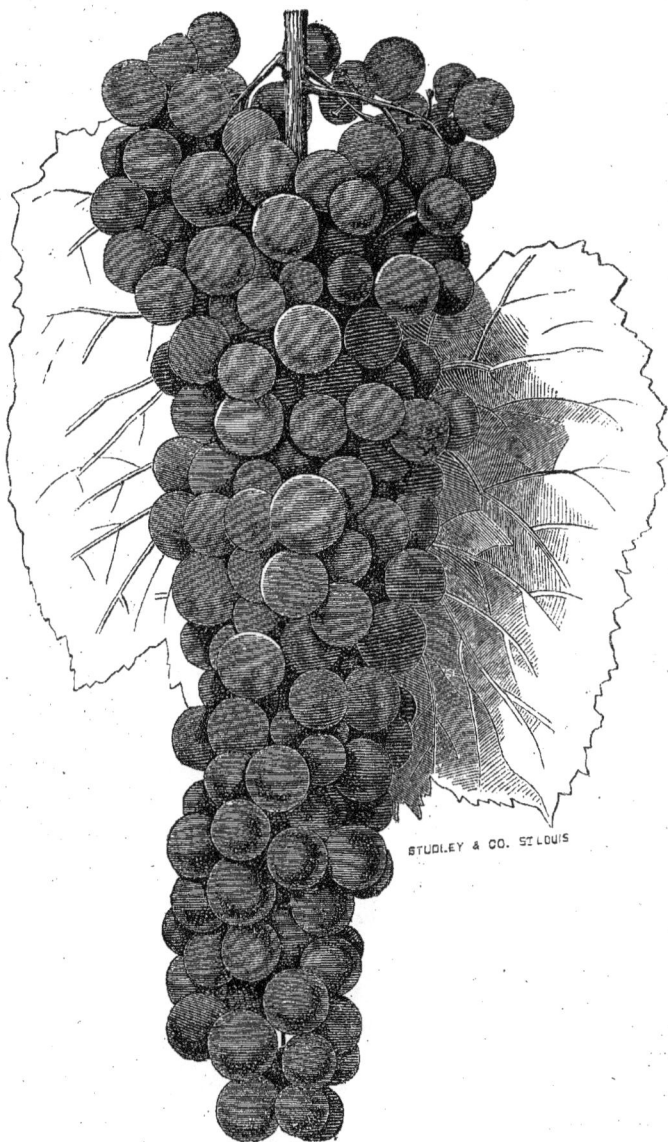

STUDLEY & CO. ST LOUIS

HERMANN

nous, qu'elle convient spécialement aux pentes méridionales et aux sols calcaires, quoiqu'elle paraisse avoir toute la rusticité de son parent et même davantage. C'est un véritable *Æstivalis* par la feuille et la manière d'être.

M. Langendorfer a dernièrement obtenu environ quarante semis d'Hermann, sur lesquels il a choisi, comme le meilleur, un *semis blanc d'Hermann*. Ce semis paraît très-vigoureux et très-fertile, promettant de donner un raisin très-recommandable pour vin blanc et le premier de la classe *Æstivalis* à grains blancs. L'unique bouteille de vin qu'on en a faite est aussi bonne de qualité que le raisin est remarquable par sa couleur. Quelques bons juges, qui l'ont goûté, ont dit : Il est excessivement velouté et agréable; par son bouquet, il révèle pleinement son origine Hermann; seulement, il est beaucoup meilleur et plus agréable que l'Hermann, comme un bon Cynthiana l'emporte sur un Norton's Virginia.

Son obtenteur n'a pas l'intention de mettre cette nouvelle variété en circulation avant plusieurs années et n'a pas encore choisi de nom pour elle.

Hine (*Labr.*). — Semis de Catawba, obtenu par Jason Brown (fils de John Brown) à Put-in-Bay, Ohio. Fait une *grappe* de bonne grandeur, com-pacte, légèrement ailée; *grain* moyen, d'un brun riche et foncé, à fleur purpurine; peau de moyenne épaisseur; chair juteuse, douce et presque sans pulpe; feuille grande, épaisse et blanchâtre en-dessous; sarments rougeâtres bruns, à mérithalles courts;

HINE

bourgeons saillants ; mûrit comme le Delaware, auquel il ressemble un peu. Justement regardé, par tous ceux qui l'ont vu, comme un raisin de beaucoup d'espérance. Il gagna le premier prix comme le meilleur semis nouveau, à l'Ohio State Fair (la Foire de l'État d'Ohio), en 1868. Nous en donnons une gravure, faite d'après une grappe obtenue par Ch. Carpenter, île de Kelley. Comme ce nouveau raisin n'a pas encore fait ses preuves dans différentes localités, nous ne pouvons pas le recommander, si ce n'est comme nouveauté intéressante pour les amateurs ; et, comme on suppose qu'il est le résultat d'un croisement entre le Catawba et l'Isabelle, nous n'avons que peu de confiance dans sa bonne santé.

Howell (*Labr.*). — Origine inconnue ; *grappe* moyenne ; *grain* moyen, ovale, noir ; peau épaisse ; chair agréable, à pulpe ferme ; bon. Mi-septembre.— Downing.

Humboldt (*Æst.*). — Nouveau semis de Louisiana, très-intéressant, obtenu par Fred. Muench, décrit par lui comme étant d'une végétation très-vigoureuse, sain et rustique, exempt de la carie noire et de la rouille des feuilles. *Grappe* au-dessous de la moyenne ; *grains* moyens, vert clair et d'une excellente qualité.

Huntingdon (*Cord.*). — Raisin nouveau, de la classe du Clinton. *Grappe* petite, compacte, ailée ; *grain* petit, rond, noir, juteux et vineux. Mûrit de bonne heure. Vigne à végétation vigoureuse, saine, rustique et fertile ; promet beaucoup pour la cuve.

Hyde's Eliza. Voyez *York Madeira*.

Imperial. — Semis blanc d'Isabelle et de Muscat Sarbelle, obtenu par M. Ricketts, de Newburgh, N.-Y. *Grappe* grosse, légèrement ailée; *grain* très-gros, blanc, avec beau de fleur; pas... pas de pepins (?) ; bouquet splendide, avec des traces de l'arome de l'Iona-Muscat. Vigne à végétation vigoureuse, rustique; mûrit à peu près à la même époque que l'Isabelle. Le plus beau raisin

blanc de la collection de M. Ricketts, suivant M. Williams, éditeur de l'*Horticulturist*.

Iona. — Doit son origine au Dr C.-W. Grant, de l'île d'Iona, près de Peekskill, N.-Y. C'est un semis de Catawba ; sa feuille ressemble assez à cette variété. Bois mou, à mérithalles courts, avec une moelle au-dessous de la grosseur normale ; végétation vigoureuse; *racines* assez peu nombreuses, droites, d'épaisseur moyenne, avec peu de branches latérales. Ici il est sujet au *mildew* et à la carie noire, et demande un bon abri l'hiver.

L'Iona est une jolie vigne pour jardin, et appropriée seulement aux localités spécialement abritées. Elle demande un sol riche et une bonne culture. Dans les contrées qui ne sont pas sujettes au *mildew* ou à la rouille des feuilles (comme on l'appelle quelquefois) et où le phylloxera n'est pas abondant (car ses faibles racines succombent vite à ses attaques), l'Iona donnera une belle récolte de grappes superbes, grosses et bien développées. Partout où elle peut réussir, c'est une excellente variété, même pour la grande culture, car elle fait un vin splendide. La Pleasant Valley Wine Company se sert largement de cette variété pour faire ses beaux vins mousseux.

Grappe ordinairement grosse, longue et ailée, pas très-compacte; *grains* moyens ou gros, légèrement ovales; peau mince, mais tenace, rouge pâle avec de nombreuses veines rouge intense, qui deviennent tout à fait foncées à la maturité; belle fleur. Chair tendre, avec un caractère et une consistance uniformes jusqu'au centre. Bouquet riche, doux, vineux; qualité très-bonne, égalant presque celle du Delaware. Mûrit comme le Concord ou peu jours plus tard, et dure longtemps. M. Saunders a élevé de magnifiques spécimens en serre froide, au Jardin d'essais de Washington. Moût, 88° — 92°, quelques personnes disent même 101°; acide, 6,6 — 10.

11

Irwing. (Hybride d'Underhill, n°s 8-20). — Raisin blanc nouveau, de beaucoup d'apparence et d'attrait, òbtenu d'un pepin de Concord croisé avec le Frontignan blanc, et planté par M. Stephen W. Underhill, de Croton-Point, New-York, au printemps de 1863 ; a fructifié pour la première fois en 1866. On verra, par la gravure ci-jointe (réduite à peu près à la moitié de la grandeur naturelle), le caractère de la très-grosse grappe de cette variété. Le grain est gros, considérablement plus gros que celui du Concord, d'une couleur blanc jaunâtre, légèrement teintée de rose quand il est très-mûr. Vigne saine, à végétation vigoureuse, à feuillage grand, épais, duveteux en dessous. Le fruit mûrit un peu tard, entre l'Isabelle et le Catawba, et se conserve bien l'hiver ; a un parfum vineux, et est tout à fait charnu quand il est parfaitement mûr. Nous le considérons comme méritant beaucoup plus que le Croton d'être répandu.

IRWING

Isabella. Syn.: PAIGN'S ISABELLA, WOODWARD, CHRISTIE'S IMPROVED ISABELLA (Isabelle améliorée de Christie), PAYNE'S EARLY (Précoce de Payne), SANBORNTON (?) (*Labr.*).—Probablement natif de la Caroline du Sud ; importé dans le Nord et répandu parmi les cultivateurs, vers 1818, par Mme Isabelle Gibbs, en l'honneur de qui il a été nommé. Dans l'Est, sa grande vigueur, sa rusticité et sa fertilité, ont été pour lui la cause d'une grande extension ; mais dans l'Ouest, on l'a trouvé d'une maturité inégale et très-sujet au *mildew*, à la carie noire et à la rouille des feuilles. Il a été, avec raison croyons-nous, mis entièrement de côté par nos viticulteurs, depuis son remplacement par des variétés meilleures et d'une réussite plus assurée. *Grappes* grosses, lâches, ailées ; *grains* ovales, gros, pourpre foncé, presque noirs quand ils sont bien mûrs, couverts d'une fleur d'un bleu noir. Chair juteuse, d'un arome riche et musqué ; pulpe coriace, assez acide. Mûrit irrégulièrement ; les feuilles semblent tomber juste au moment où elles sont nécessaires pour aider le fruit à mûrir.

Dans quelques localités, c'est encore un raisin favori pour le marché. Moût à Hammondsport, 60° à 79° ; acide, 12 ½ à 6 p. m.

L'Isabelle a eu une armée d'enfants, dont

semble-t-il, lui ont survécu. Ceux de ses semis qui ont obtenu une certaine réputation sont décrits sous leur propre nom dans ce Catalogue. Voyez *Adirondac, Eureka, Hyde's Eliza, Israella, Mary-Ann, To-Kalon, Union-Village.*

Plusieurs de ses semis diffèrent si peu pour la forme, la grosseur ou la qualité du fruit, pour la végétation et la fertilité (chez quelques-uns, le nom seul est différent), que nous préférons les classer comme sous-variétés. Ce sont: l'*Aiken*, le *Baker*, le *Bogue's Eureka*, le *Brown*, le *Cloanthe*, le *Carter* (?), l'*Hudson*, le *Louisa* (de Sam. Miller), qui était certainement supérieur chez lui, mais qu'il ne vit aucune utilité à propager, quand les hommes compétents l'eurent déclaré identique au type; le *Lee's Isabella*, le *Payne's Early*, le *Pioneer*, le *Nonantum*, le *Sanbornton*, le *Trowbridge*, le *Wright's Isabella*, etc., etc.

Israella. — Doit son origine au Dr C. W. Grant, qui prétendit que « c'était le plus précoce d'entre les bons raisins cultivés »; mais plus tard il admit lui-même qu'il ne valait pas son Eumelan. Chez nous, il s'est montré plus tardif que l'Hartford prolific, mais la grande beauté de ses grappes en fait un estimable raisin de table. Vigne à végétation modérée; feuillage sujet au *mildew; grappes* grandes, ailées, compactes et très-belles, quand elles sont bien mûres; *grain* noir, avec une belle fleur, assez gros, légèrement ovale, pulpeux, pas au-dessus d'un deuxième choix comme qualité. Berckmans, d'Augusta, Gie., dit cependant: « Le climat de la Géorgie ajoute tant à sa qualité, que tous ceux qui l'ont goûté ici le déclarent être le meilleur raisin en culture. » — *Essai pour la Société d'horticulture de Pennsylvanie.* (Essai before the Penn. hort. Soc.)

L'Israella est probablement un semis de l'Isabelle, auquel il ressemble par les allures de sa végétation et le caractère de son fruit. On dit que son moût a atteint 84°, avec 5 $^1/_2$ d'acide seulement.

Ithaca. — Nouveau semis obtenu par le Dr S.-J. Parker, Ithaca, N.-Y.; décrit par son obtenteur comme plus gros que le Walter

pour la grappe et le grain, jaune verdâtre; parfum de rose et bouquet semblable à celui du Chasselas musqué (?) (Chasselas Mosquelike (?)). On prétend que c'est un croisement entre le Chasselas et le Delaware; mûrit avant le Delaware et serait rustique, sain et vigoureux. N'est pas encore au commerce. Nous ne le plaçons ici que pour mémoire, comme l'une des variétés nouvelles qui seront probablement présentées au public.

Ives. Syn.: IVES'SEEDLING, IVES'MÁDEIRA,

IVES

KITTREDGE. (*Labr.*). — Obtenu par Henry Ives, de Cincinnati (probablement d'un pepin d'Hartford prolific ; certainement pas d'un raisin étranger, comme M. Ives le supposait). Le colonel Waring et le Dr Kittridge ont été les premiers à en faire du vin, il y a environ dix ans, et c'est maintenant un vin rouge populaire dans l'Ohio. Si nous ne lui trouvons pas de titres au premier prix « comme la meilleure variété pour tout le pays », qui lui a été accordé à Cincinnati, le 24 septembre 1868, nous lui reconnaissons le grand mérite d'avoir donné une nouvelle impulsion à la culture de la vigne dans l'Ohio, dans un moment où les échecs répétés du Catawba rendaient cette impulsion le plus désirable.

Grappes moyennes ou grandes, compactes, souvent ailées ; *grains* moyens, légèrement oblongs, d'une couleur pourpre foncé, tout à fait noirs quand ils sont bien mûrs. Chair douce et juteuse, mais décidément foxée et un peu pulpeuse. N'est pas à recommander comme raisin de table ; néanmoins c'est un raisin qui a du succès pour le marché, parce qu'il supporte mieux le transport que la plupart des autres variétés.

Il tourne de très-bonne heure, mais sa période de maturité est plus tardive que celle du Concord. La vigne est remarquablement saine et rustique, d'une végétation forte et robuste ; par la tournure générale et l'apparence, ressemblant beaucoup à l'Hartford prolific.

Racines abondantes, épaisses, diffuses et d'une contexture assez dure. Liber épais, mais ferme ; émet rapidement de nouvelles radicelles et, par là, offre une bonne résistance au phylloxera. Il ne paraît pas se mettre à fruit de bonne heure, les vignes de cette variété ne donnant leur première récolte qu'à quatre ans. En revanche, elles produisent abondamment quand elles sont plus âgées. Le vin d'Ives est d'une très-belle couleur rouge foncé, mais a le goût et l'odeur foxés. Moût, 80°.

Kalamazoo (*Labr.*) — Obtenu d'un pepin de Catawba par M. Dixon, un Anglais, à Steubenville, Ohio. Le fruit est plus gros que celui du Catawba, pousse en grappes plus grosses, et est plus remarquable par la richesse particulière de la fleur bleu foncé qui le recouvre ; peau épaisse ; chair molle, pas tout à fait tendre partout, douce, mais pas aussi riche que celle du Catawba. D'après le Rapport de 1871 de la Société américaine de pomologie, il mûrirait dix jours plus tôt ; d'après celui de 1872, du département de l'Agriculture (page 484), il mûrirait dix jours plus tard ! Nous ne savons pas ce qu'il en est, n'ayant pas essayé nous-mêmes cette variété. On dit la vigne d'une végétation vigoureuse, rustique et fertile.

Kilvington (?). — Origine inconnue. *Grappe* moyenne , passablement compacte ; *grain* petit, rond, rouge foncé, recouvert de fleur ; chair pulpeuse, mi-tendre, vineuse. — Downing.

Kingsessing (*Labr.*) — *Grappe* longue, lâche, ailée ; *grain* moyen, rond, rouge pâle, recouvert de fleur ; chair pulpeuse. — Downing.

Kitchen (*Cord.*). — Semis de Franklin. *Grappe* et *grain* moyens ; *grain* rond, noir chair acide, juteuse. — Downing.

Labe (?). — *Grappe* assez petite, courte, oblongue ; *grains* moyens , disposés d'une manière lâche, noirs ; chair mi-tendre, pulpeuse, douce, pénétrante. — Downing.

Lady. — Nouvelle vigne, à raisin blanc, achetée par M. Geo.-W. Campbell, d'un M. Imlay, du comté de Muskingum, O., qui en a récolté des fruits pendant six ans, et l'a fait connaître pour la première fois au public dans l'automne de 1874. M. Campbell l'a produite avec l'éloge suivant : « C'est un pur semis de Concord, et elle a toute la vigueur, la bonne santé et la rusticité de son parent. La plante, par ses habitudes de végétation, son feuillage et son aspect général, est à peine différente du Concord.

« Après quatre ans d'essais attentifs et d'observations soigneuses[1], je l'offre, avec

[1] Les vignes ont supporté, sans en souffrir,

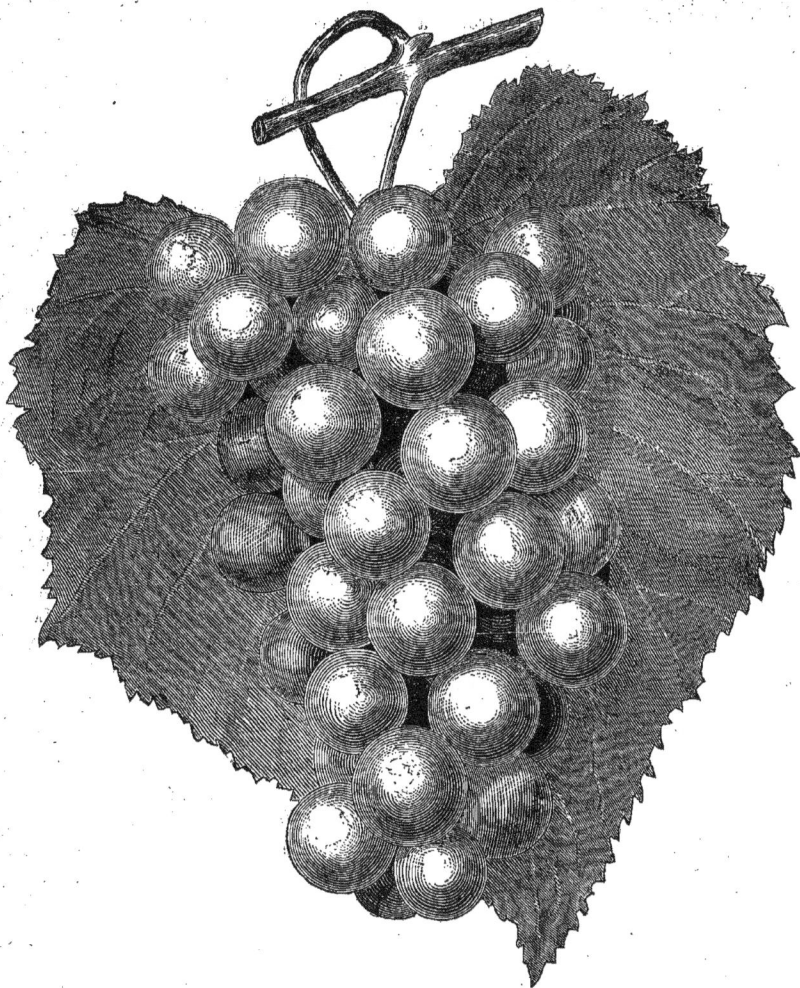

LADY

confiance, comme le meilleur raisin blanc pour la culture générale, introduit jusqu'à présent. C'est sans conteste un progrès sur le Martha, car il est au moins deux fois plus gros, plus précoce, plus fertile, et en même temps exempt de ce goût foxé qui rend le Martha peu agréable à beaucoup de gens. Je n'hésite pas à le recommander pour la grande culture, étant certain qu'il réussira parfaitement dans toutes les localités où le Concord peut être cultivé avec succès. En raison de sa précocité

les grands froids de l'hiver de 1872-1873 :— 32° au-dessous de zéro.

plus grande, — il mûrit plusieurs jours avant l'Hartford lui-même, — on le trouvera particulièrement approprié aux pays du Nord, où le Concord ne mûrit pas toujours[1]. Il a le *grain* plus gros que le Concord lui-même ; la grappe, chez les jeunes vignes, l'a été jusqu'à présent un peu moins , quoique plusieurs , l'année dernière , aient atteint pleinement la dimension normale de celles du Concord. Sous le rapport de la qualité, il est plus *bouqueté* et plus délicat que le Concord ; sous le rapport de la conformation et du caractère général, il lui ressemble beaucoup. Sa couleur est un jaune verdâtre, recouvert d'une fleur blanche; les pepins sont petits et peu nombreux; sa peau est épaisse, la pulpe tendre , le bouquet doux et riche, légèrement vineux, et sans goût foxé ni au palais, ni à l'odorat. Je le considère comme possédant plus de qualités recommandables comme bon raisin de jardin et de marché qu'aucun autre raisin blanc que je connaisse. »

Voilà, certes, une très-grande recommandation, et, venant de M. Campbell, nous la recevons avec grande confiance. Nous en avons planté nous-mêmes un nombre considérable de pieds , et nous espérons pouvoir ajouter, dans l'avenir, notre témoignage en faveur de tous les mérites qu'il lui attribue.

Lenoir (*Æst.*). — Vigne du Sud, de la classe de l'Herbemont, originaire du comté de Lenoir, N.-C. *Grappe* moyenne, compacte, ailée; *grains* petits, ronds, bleu pourpre foncé, presque noir, couverts d'une légère fleur ; chair tendre; pas de pulpe; juteuse, douce et vineuse. Bonne variété du Sud, mais trop délicate et d'une maturité trop tardive pour le Nord. Dans les localités qui lui conviennent, on lui trouvera des avantages pour la cuve et pour la table. Belle végétation, mais production tardive; feuillage profondément lobé ; *racines* résis-

tant au phylloxera. On dit qu'il se plaît et réussit bien en France[1]. (Voyez OHIO).

Lindley (Hybride de Rogers, n° 9). — L'origine de cette variété est due à l'hybridation du Wild Mammoth de la Nouvelle-Angleterre avec le Chasselas doré. *Grappe* longue, moyenne, ailée, un peu lâche ; *grains* moyens ou gros, ronds; couleur tout à fait particulière et distincte de celle de toute autre variété, plus voisine du *rouge brique* que de la couleur du Catawba ; chair tendre, douce, avec une trace à peine sensible de pulpe ; d'un grand bouquet aromatique. Ressemble au Grizzly Frontignan, pour l'aspect de la grappe, et est regardé par quelques personnes comme égalant tout à fait le Delaware en qualité. *Racines* longues et droites, avec un liber uni, de fermeté moyenne ; sarments minces pour leur longueur, avec peu de branches latérales, et des bourgeons gros, saillants. Plante d'une végétation vigoureuse , faisant un bois à mérithalles assez longs, moyen pour la dureté et la grosseur de la moelle. Le feuillage, quand il est jeune, est d'une couleur rougeâtre ; le fruit mûrit de bonne heure et tombe de la grappe. Fait un splendide vin blanc. Poids spécifique du moût, 80°.

« Ce raisin sera une acquisition pour ceux qui désirent avoir un remplaçant du Catawba. » *Husmann.* — Nous ne le recommanderions que comme raisin de table.

Logan (*Labr.*). — Sauvageon de l'Ohio. Quand il fut introduit, on crut qu'il serait une bonne acquisition, et il fut recommandé par la Société pomologique d'Amérique comme promettant beaucoup. Mais il a mal répondu à l'attente publique, et il est maintenant mis de côté plus généralement que l'Isabelle, auquel on le jugeait préférable. *Grappes* moyennes,

---

[1] Sous *notre* latitude, cette grande précocité n'est pas à souhaiter, surtout pour les raisins destinés à la cuve.

[1] D'après cette description, je ne puis savoir dans quelle mesure le Lenoir différerait du Jacquez ; mais je puis affirmer que, dans le vignoble de M. Laliman, les variétés appelées Jacquez et Lenoir sont absolument identiques. — J.-E. PLANCHON.

ailées, compactes ; *grains* gros, ovales, noirs ; chair juteuse, pulpeuse, d'un goût insipide; végétation grêle ; variété précoce et fertile.

Louisiana. — Introduit ici par l'éminent pionnier de la viticulture de l'Ouest, Fréd. Münch, du Missouri. Il le reçut de M. Theard, de la Nouvelle-Orléans, qui affirme qu'il a été importé de France par son père et qu'il a été planté sur les bords du lac Pontchartrain, près de la Nouvelle-Orléans, où il a donné depuis trente ans des fruits abondants. M. Münch croit fermement qu'il est d'origine européenne et qu'il appartient à la famille des vignes de la Bourgogne. M. Fr. Hecker est tout aussi affirmatif quant à son origine européenne, mais pense qu'il n'est autre que le Clavner de son pays natal, le grand-duché de Bade. D'un autre côté, M. Husmann soutient que c'est un véritable raisin américain, appartenant à la division des *Æstivalis* du Sud, dont l'Herbemont et le Cunningham peuvent être pris pour types. Tous s'accordent, toutefois, à reconnaître que c'est une variété très-productive, donnant un fruit délicieux et un très-beau vin.

La grande vigueur de ses racines luxuriantes, branchues, résistant bien au phylloxera, à côté d'autres caractères, nous fait croire (malgré les assertions contraires de M. Theard) que le Louisiana et le Rulander sont des vignes indigènes de l'espèce *Æstivalis*.

Grappe de taille moyenne, ailée, compacte, très-belle; *grain* petit, rond, noir ; chair non pulpeuse, juteuse, douce et vineuse; qualité excellente. Végétation très-bonne, très-saine, et fertilité plus ou moins grande suivant la position et le traitement; n'a pas besoin d'abri. *Racines* fibreuses et très-dures, avec un liber dur ; sarments très-forts, de longueur modérée, à mérithalles courts et à branches latérales grandes et peu nombreuses; bois très-dur, avec peu de moelle et une écorce solide.

Le Louisiana et le Rulander (ou du moins ce que nous appelons ici Rulander) le ressemblent tellement pour l'aspect général, la végétation et le feuillage, que nous ne sommes pas en état de les distinguer, si ce n'est à leur fruit, qui, chez les deux variétés, mûrit en même temps (un peu tard). Ils sont indubitablement très-proches parents l'un de l'autre; mais il y a une différence dans le jus et le vin de ces deux variétés. Le Louisiana fait, à notre avis, le meilleur vin des deux ; en réalité, il donne le plus beau vin blanc que nous ayons, un vin ayant le caractère du vin du Rhin. Notre ami Münch a réussi à obtenir quelques semis de Louisiana, qui sont rustiques, ne demandent pas d'abri l'hiver et s'annoncent comme très-recommandables. Voyez Humboldt, Schiller, Uhland.

Lydia. — Doit son origine à M. Carpenter, de l'île de Kelley, lac Erié. *Grappes* courtes, compactes; *grains* gros, ovales, vert clair, avec une teinte saumon du côté exposé au soleil; peau épaisse; pulpe tendre, douce ; d'un bouquet agréable, légèrement vineux. L'allure de la végétation de cette vigne la fait ressembler à l'Isabelle, mais elle est beaucoup moins fertile. Beau raisin, de bonne qualité, mais sujet à la carie noire et au *mildew,* dans les années défavorables; mûrit quelques jours plus tard que le Delaware.

Lyman (*Cord.*). — Origine inconnue. Variété du Nord, qu'on dit avoir été rapportée de Québec, il y a plus de cinquante ans. Rustique et fertile. *Grappe* petite, assez compacte ; *grain* rond, moyen ou petit, noir, recouvert d'une fleur épaisse; semblable au Clinton pour le bouquet; mûrit à peu près à la même époque.

Le *Sherman* et le *M'Neil* sont des variétés obtenues de la précédente, mais dont on a de la peine à les distinguer. — Downing.

Maguire. — Ressemble à l'Hartford, mais est plus foxé. — Strong.

Manhattan (*Labr.*). — Venu près de New-York. Produit peu. *Grappes* petites ; *grains* moyens, ronds, blanc verdâtre, avec fleur. Chair douce, assez pulpeuse. — Downing.

MARTHA

Marines (Nouveaux semis de). — Ce sont des croisements entre des variétés exclusivement indigènes, qu'on prétend avoir été obtenus par un procédé nouveau et très-simple, consistant à diluer dans de l'eau de pluie le pollen des fleurs mâles et à l'appliquer ensuite sur les pistils de la variété choisie pour mère. Parmi les semis obtenus ainsi, il y en a de particuliers et très-intéressants. Quelques-uns appartiennent à la famille des *Æstivalis*, mais avec des pepins d'une grande grosseur : 1° *Nerluton*, belle et grosse grappe ; grains au-dessus de la moyenne, noirs; feuille très-grande, coriace, forte; 2° *Green Castle*, comme le précédent, avec des grains même plus gros ; 3° *Luna*, blanc, en apparence presque semblable au Martha ; mais ce que l'on a gagné en grosseur paraît avoir été perdu en qualité, si on le compare à nos délicieux et juteux petits *Æstivalis*. Un nombre plus grand des semis de Marines appartient au type Labrusca, et, parmi eux, ses *U. B.* noirs, *Mianna* et *King-William* blancs, sont bien dignes d'être essayés.

Marion (*Cord.*). — Nouvelle variété, qui nous a été apportée de Pennsylvanie par cet infatigable horticulteur, Samuel

Miller, qui la tenait du Dr C.-W. Grant. Elle provénait probablement de la « fameuse École de vignes de Longworth »; recommandable pour faire un vin rouge foncé. *Grappe* moyenne, compacte; *grain* moyen, mais beaucoup plus grand que celui du Clinton, rond, noir, juteux, doux quand il est bien mûr. Mûrit *tard* — longtemps après avoir tourné, — mais tient bien à la grappe. Fleurit de bonne heure, comme le Clinton, variété à laquelle il ressemble, en la surpassant cependant de beaucoup à notre avis, et cela d'autant plus qu'il paraît presque être une transition du *Riparia* à l'*Æstivalis*. Plante à végétation très-vigoureuse, rampante, mais pas aussi vagabonde que le Clinton. Bois solide, avec une moelle moyenne. Feuillage grand, fort et abondant ; d'une teinte dorée particulière quand il est jeune, les jeunes branches d'une belle couleur rouge. *Racines* raides et solides, avec un liber uni, dur; jouissent au plus haut degré de l'immunité contre le phylloxera, qui est l'apanage de cette espèce.

Martha (*Labr.*). — Semis blanc de Concord, obtenu par notre ami Samuel Miller, autrefois de Lebanon, Pennsylvanie, maintenant de Bluffton, Missouri. *La plus populaire des variétés blanches. Grappe* moyenne, plus petite que celle du Concord ; *grain* moyen, rond, blanc verdâtre, quelquefois avec une teinte ambrée ; quand il est bien mûr, jaune pâle, recouvert d'une fleur blanche. Peau mince. Chair très-butyreuse et d'une remarquable douceur, sans mélange d'acidité et sans parfum de vin, un peu pulpeuse, ne contenant souvent qu'une simple graine. Odeur décidément foxée, mais ce caractère est beaucoup plus apparent dans le fruit que dans le vin.

La vigne est très-saine et très-rustique; elle ressemble au Concord, mais n'est pas tout à fait aussi vigoureuse comme végétation, et sa feuille est d'un vert un peu plus clair. *Racines* d'une contexture et d'un

liber normaux, émettant facilement de jeunes radicelles. Sarments généralement plus érigés que ceux du Concord, avec moins de branches latérales et pas aussi enclins à courir. Bois solide, avec moelle moyenne. Très-fertile. Les grains tiennent bien à la grappe. Mûrit quelques jours plus tôt que le Concord et conviendra, par suite, même au Nord. Moût, 85° à 90°; au moins 10° de plus que le Concord. Le vin est d'une couleur légèrement paillée, d'un bouquet délicat. La commission de l'Exposition des vins américains de Montpellier, en 1874, a dit que le Martha « se rapprochait des vins de Piquepoul produits dans l'Hérault. »

On a obtenu récemment des semis du Martha, mais ils ne sont pas encore mis au commerce. L'un d'eux, obtenu par F. Münch, paraît être un progrès sur son parent; il produit plus abondamment, et le fruit en est un peu plus gros et meilleur. (Voyez aussi *Lady*).

Mary (?)—Obtenu par Charles Carpenter, de l'île Kelley. Plante rustique, à forte végétation. Le fruit mûrit trop tard pour le Nord. *Grappe* moyenne, modérément compacte ; *grains* moyens, ronds, blanc verdâtre, avec fleur. Chair tendre, légèrement pulpeuse, juteuse, douce, à bouquet relevé.—Downing. Un autre Mary, raisin *rouge* précoce, est décrit par Fuller.

Mary-Ann. (*Labr.*). — Obtenu par J.-B. Garber, Columbia, Pennsylvanie. *Grappe* moyenne, modérément compacte, ailée ; *grain* moyen, ovale, noir, pulpeux, foxé, ressemblant à celui de l'Isabelle. Très-précoce, puisqu'il mûrit un ou deux jours avant l'Hartford prolific ; estimable à cause de cela, comme raisin précoce pour le marché, quoique de qualité inférieure.

Massasoit (Hybride de Rogers, n° 3).— Beau raisin, précoce, pour la table et pour le marché. Nous en empruntons la description suivante à M. Wilder, le célèbre vétéran de la pomologie américaine :
Grappe assez courte, de grosseur moyenne, ailée ; *grain* moyen ou gros, rouge-

12

brunâtre. Chair tendre et douce, avec un peu de bouquet natif, quand il est mûr. Arrive à la même époque que l'Hartford prolific. Très-exempt de maladie et suffisamment vigoureux.

MAXATAWNEY (demi-diamètre)

Maxatawney (*Labr.*). — Semis de hasard, venu dans le comté de Montgomery, Pennsylvanie, en 1844. Porté pour la première fois à la connaissance du public en 1858. *Grappe* moyenne, longue, accidentellement compacte, ordinairement non ailée ; *grain* au-dessus de la moyenne, oblong, jaune pâle, avec une légère teinte ambrée du côté du soleil. Chair tendre, non pulpeuse, douce et délicieuse, avec un bon arome ; peu de pepins ; qualité très-bonne à la fois pour la table et pour la cuve. Mûrit un peu tard pour les contrées du Nord ; mais, là où il mûrit bien, comme ici dans le Missouri, est un de nos plus beaux raisins blancs, ressemblant beaucoup au Chasselas blanc d'Europe. *Racines* grêles, d'un tissu et d'un liber mou, incapables de résister au phylloxera.

Sarments légers et de longueur modérée, avec un nombre normal de branches latérales. Bois mou, avec une grosse moelle. Plante très-rustique et très-saine ; n'a pas besoin d'abri l'hiver. Feuillage grand, profondément denté. Moût, 82°.

« Fait un excellent vin blanc, sans addition de sucre. » — Husmann.

Merrimack (Hybride de Rogers, n° 19). —Regardé par certaines personnes comme le plus beau raisin de la collection des hybrides de Rogers. M. Wilder dit :

« C'est une des variétés sur lesquelles on peut le plus compter chaque année. Vigne très-vigoureuse, exempte de maladie. *Grappe* ordinairement plus petite que chez les autres sortes à raisins noirs ; *grain* gros, doux, passablement riche. Mûrit vers le 20 septembre (dans le Massachusetts). »

Nous préférons son n° 4, le Wilder, qui lui ressemble pour la qualité, a des grappes beaucoup plus grosses et plus lourdes, et qui est plus avantageux.

Miles (*Labr.*). — Origine, le comté de Winchester, Pennsylvanie. Vigne à végétation modérée ; rustique, fertile. *Grappe* petite, assez compacte ; *grain* petit, rond, noir. Chair tendre ; légère pulpe au centre ; craquante, vineuse, agréable. Est *des plus précoces,* mais ne tient pas longtemps à la grappe. Nous ne pouvons le recommander pour la culture en grand, comme raisin avantageux pour le marché, mais c'est un raisin de ménage *bon et précoce ;* il convient surtout pour le Nord.

Miner's Seedling. *Voyez* Venango.

Missouri. Syn. : MISSOURI SEEDLING. — Mentionné par Buchanan et Downing, mais aujourd'hui inconnu, même dans le Missouri.

Mount-Lebanon (*Labr.*).—Doit son origine à George Curtis, de la Société unie de Mount-Lebanon, comté de Columbia, N.-Y. On le suppose être un croisement entre le Spanish Amber et l'Isabelle. *Grappe* plus grosse que celle du Northern Muscadine ; *grain* rond, rou-

MOTTLED

geâtre. Chair pulpeuse, coriace, quoique douce, *peut-être* un peu meilleure que celle du North-ern Muscadine. *Pas encore essayé chez nous.*

Mottled. — Doit son origine à Mr Charles Carpenter, de l'île de Kelley. Semis de Catawba. Plus précoce et moins sujet au *mildew* et à la carie noire que son parent. M. H. Lewis, de Sandusky, Ohio, dit : « Cette variété mérite, sans contredit, plus de faveur qu'elle n'en a obtenu ici et au dehors. »

Charles Downing dit :

« Producteur prodigue ; mûrit comme le Delaware. Tient à la grappe longtemps après la maturité et se conserve exceptionnellement bien. »

Nous autres, dans le Missouri, aussi bien que le Dr E. Van Kewren, d'Hammonds-port, nous l'avons trouvé pauvre de végétation et de production.

Grappe de grosseur moyenne, très-compacte, légèrement ailée ; *grains* moyens ou gros, ronds, distinctement bigarrés quand on les expose au jour, avec diverses ombres de rouge et de marron pendant qu'il mûrit, mais à peu près de la couleur foncée uniforme du Catawba quand il est bien mûr, avec une fleur légère. Chair douce, juteuse, vineuse, d'un bouquet vif, ayant du montant, toujours assez pulpeuse et acide au centre. Peau épaisse. Maturité tardive, comme celle du Norton's Virginia. Tient bien à la grappe et gagne à rester longtemps sur la souche. Plus recommandable pour la cuve que pour la table. Plante saine, rustique et très-fertile sur de vieux pieds bien établis ; modérément vigoureuse ; feuillage abondant ; mérithalles courts. D'après trois juges compétents, dont l'un est M. George Leick, son moût aurait pesé 94°, avec 4 d'acide par mill.

Neff (*Labr.*). Syn. : KEUKA. — Origine, la ferme de M. Neff. près Keuka, sur le Crooked lake, N.-Y. *Grappe* moyenne ; *grain* moyen, rouge cuivre foncé. Chair pulpeuse et un peu foxée. Bon raisin indigène, précoce.

Neosho (*Æst.*) — Trouvé à l'état sauvage à la ferme de M. E. Schœnborn, près de Neosho, sud-ouest du Missouri. En 1868 M. Hermann Jæger en envoya des greffes (avec d'autres variétés de *Summer grapes* sauvages) à ce pionnier des viticulteurs du Missouri, l'hon. Fréd. Münch, qui, le trouvant de qualité supérieure, l'appela Neosho. Cultivé depuis lors dans les comtés de Warren et de Newton, il n'a jamais manqué d'y produire de bonnes et abondantes récoltes, et a gagné chaque année dans la faveur publique. M. S. Miller dit:

« Le Neosho est un trésor pour ce pays. C'est un véritable *Æstivalis* dans toutes ses habitudes, ressemblant au Norton par le bois et le feuillage, et cependant tout à fait distinct. Pour notre climat et pour le Sud, il promet d'être, parmi les raisins à vin blanc, ce que le Cynthiana est parmi les raisins à vin rouge.»

C'est là le plus grand éloge, le meilleur pronostic qu'on puisse faire de lui. *Grappes* et *grains* sont de la dimension de ceux du Norton's; grappes compactes, ailées, cordiformes. La peau des grains est mince, noire, avec fleur bleue, très-foncée; contient cependant très-peu de matière colorante et moins encore de tannin; la pulpe est nourrissante, très-douce et épicée, très-peu acide. Pepins assez gros. Le bois du Neosho est extrêmement dur et coriace; il ne se propagera pas de bouture. Le Neosho a une végétation très-vigoureuse, une fois établi sur ses propres racines ou greffé avec succès. Réussit, jusqu'à présent, également bien en prairie, terre profonde ou sur coteau. Demande beaucoup de place et préfère la taille, à coursons sur le vieux bois. Il est si rustique qu'on peut dire qu'il résiste à tous les extrêmes de notre climat variable du Missouri. *Racines* fortes, raides et à l'abri des attaques du phylloxera. Feuillage grossier, mais d'une belle couleur vert foncé et lustré, conservant sa fraîcheur jusqu'à l'arrivée de la gelée. Le moût de ce remarquable raisin a marqué 110° à l'échelle d'Œchsle et seulement 5 1/2 mill. d'acide à l'acidomètre de Twitchel. Même après une fermentation de deux jours dans la cuve, ce vin a une belle cou-

leur jaune doré, un bouquet exquis et un arome très-particulier et très-agréable, ressemblant un peu à celui du vin de Madère. Cette variété étant, de plus, excellente au point de vue de la fructification, même dans un sol presque pauvre, mais chaud et meuble, promet de devenir une des premières parmi les vignes américaines; et, comme elle a des racines tout à fait invulnérables au phylloxera, elle peut même devenir d'une grande importance pour la France.

On doit de vifs remerciements à M. Jæger et au père Münch pour avoir introduit cette variété; mais il n'en existe que peu de pieds, et sa propagation est si difficile, que son haut prix s'opposera à ce qu'elle devienne aussi généralement connue et cultivée qu'elle le mérite. Il ne faudrait pas non plus la planter beaucoup au nord de Saint-Louis. C'est une vigne du Sud; elle mûrit avec le Norton's Virginia, et, là où celle-ci ne mûrit pas, il est inutile de l'essayer.

Newark. (Hybride de Clinton et de *Vinifera* obtenu à Newark, New-Jersey.)—Vigne d'une végétation vigoureuse, rustique, très-fertile. *Grappes* longues, lâches, ailées; *grains* moyens, foncés, presque noirs, doux, juteux et vineux, d'un goût agréable; mais, quoique promettant pendant quelques années, devient bientôt malade. Son fruit est sujet à la carie noire, et la vigne meurt comme son parent européen. On ne peut pas le recommander.

Newport (*Æst.*).—On dit que c'est un semis de l'Herbemont et qu'il lui ressemble.

North America (*Labr.*) — *Grappe* petite, ailée; *grain* rond, noir, juteux, mais foxé. Mûrit à peu près comme l'Hartford prolific. Vigne vigoureuse, improductive.

Northern Muscadine (*Labr.*)—Semis obtenu par les Shakers de New-Lebanon, N.-Y. Les opinions diffèrent beaucoup sur sa valeur. Le père Münch (comme nous appelons notre vénérable ami l'hon. Frédéric Münch) le place, comme raisin de table, à côté du Diana et du Venango, et comme

NORTH CAROLINA

raisin pour la cuve, bien au-dessus d'eux. *Grappe* moyenne, très-compacte, presque ronde ; *grain* de moyen à gros, rouge foncé ambré ou brunâtre ; chair pulpeuse et foxée, douce; peau épaisse. Les grains tombent facilement quand ils sont mûrs. Mûrit de bonne heure, environ quinze jours avant le Catawba. Végétation luxuriante; rustique et fertile; à l'abri de la carie noire. On trouverait probablement avantage à le mélanger, en petite proportion, à quelques autres variétés, auxquelles il communiquerait, croyons-nous, un agréable goût de muscat.

North Carolina (*Labr.*)—Ce semis est dû à ce vétéran de la pomologie, M. J.-B. Garber, de Columbia, Pennsylvanie ; appartient au type Isabelle et est un raisin de belle qualité pour le marché.

Grappe moyenne ou grosse, quelquefois ailée, modérément compacte ; *grains* gros, oblongs, noirs avec une légère fleur bleue; chair pulpeuse, mais douce ; peau épaisse; tient bien à la grappe ; se conserve bien et peut être porté au marché dans de bon, nes conditions. Mûrit de bonne heure tournant quelques jours avant le Concord. Vigne à végétation énorme, rustique, saine et très-fertile ; exige une taille longue et a besoin « d'avoir beaucoup à faire.» *Racines* abondantes , épaisses, solides, avec un liber passablement dur ; paraît bien résister au phylloxera. Sarments d'épaisseur moyenne, longs et rampants, avec une quantité normale de branches latérales. Bois solide , avec une moelle moyenne. Les personnes expertes peuvent en faire aussi un bon muscatel (vin muscat). Moût, 84°.

Norton ou Norton's Virginia.—Issu d'un pepin de vigne sauvage (des forêts du comté de Hanovre, Virginie) dans le jardin du Dr D.-N. Norton, amateur d'horticulture, près Richmond, Virginie, qui l'a fait connaître au public, il y a quarante-cinq ans environ. Il fit peu de progrès jusqu'au moment où, il y a environ vingt-cinq ans, M. Heinrichs et le Dr Kehr en portèrent chacun quelques rejetons à nos viticulteurs d'Hermann. Ce petit et insignifiant raisin, déclaré sans valeur par M. Longworth, le père de la viticulture américaine, est devenu la grande et principale variété pour vin rouge, non-seulement dans son État d'origine et dans le Missouri, où ses qualités supérieures furent appréciées pour la première fois et portées à un haut degré de splendeur, mais encore auprès et au loin, partout où l'on plante des vignes. Il est maintenant si populaire qu'il sera difficile de faire croire à nos viticulteurs qu'on peut trouver une variété supérieure au Norton. C'est cependant ce que nous réclamons pour le Cynthiana.

La *grappe* du Norton est longue, compacte et ailée ; *grain* petit, noir, à jus rouge bleu foncé, presque sans pulpe quand il est tout à fait mûr ; doux et craquant. Mûrit tard en octobre. Vigne vigoureuse, saine, rustique et fertile, quand elle est bien établie, mais supportant très-mal la transplantation et excessivement difficile à propager. *Racines* fortes et raides. Liber mince et dur, de grande résistance au phylloxera. Sarments vigoureux, d'épaisseur moyenne et de bonne longueur. Bois très-dur, avec peu de moelle et une écorce extérieure solide. Partout où le climat permet à ses fruits de mûrir complétement, le Norton réussit dans presque tous les sols. Dans les fonds de terre riches , il porte jeune et est énormément productif ; sur de hautes collines à sol pauvre et tournées au midi, il n'entre en production que tard, mais il y donne un vin très-riche, de beaucoup de corps et de qualités médicinales supérieures[1]. Il a un parfum de café tout à fait particulier, qui au premier abord surprend certaines personnes, mais qui, comme le café, conquiert et charme notre goût. Moût, 105° à 110°.

On a récemment obtenu presque simultanément, du Norton's, deux semis de raisins *blancs* qui promettent beaucoup : l'un est un gain du vieux Langendorfer, à Hermann, Missouri ; l'autre de J. Balsiger, de Highland, Illinois. Ces deux variétés et celle de l'Hermann blanc (*voyez* Herm.) sont les premiers vrais *Æstivalis blancs* que nous connaissions; ils pourront devenir aussi précieux pour les vins blancs que le Norton's et le Cynthiana le sont pour les vins rouges. Ils sont *très-tardifs,* ne mûrissant qu'après le Norton's lui-même, et ne seront, par suite, pas appropriés aux régions au nord de Saint-Louis ; mais ils seront d'autant plus précieux pour le Sud. On ne leur a pas encore donné de nom ; ils ne seront mis en circulation qu'après avoir été bien éprouvés, et, à moins qu'ils ne se trouvent être d'excellente qualité,

---

[1] C'est ici le grand remède contre la dysenterie et les dérangements d'entrailles.

parfaitement sains, rustiques et très-fertiles, nous ne les répandrons pas.

Ohio. Syn.: SEGAR-BOX, LONGWORTH'S OHIO, BLACK SPANISH, ALABAMA. — Est considéré maintenant comme identique au Jaques ou Jack, introduit et cultivé près de Natchez, Mississipi, par un vieil Espagnol du nom de Jaques. On le cultivait dans l'Ohio, où il provenait de quelques sarments laissés dans une boîte à cigares par une personne inconnue, à la résidence de M. Longworth, de Cincinnati, Ohio. Cette variété attira vivement l'attention pendant quelque temps, à cause de ses *groppes* grosses, longues (souvent de 10 à 15 pouces de long (25 à 38 centimètres)), un peu lâches, en pointe, ailées, et de sa bonne qualité. Ses *grains* sont petits, ronds ; peau mince, pourpre, avec fleur bleue ; chair tendre, fondante, sans pulpe, craquante et vineuse. Le bois est fort, à longs entre-nœuds, d'un rouge plus clair que celui du Norton's Virginia et uni, avec des bourgeons affectant une forme pointue. Feuilles larges, trilobées. Dans le principe, il produisait aussi beaucoup; mais bientôt le *mildew* et la carie noire l'affectèrent d'une manière si fâcheuse, qu'il ne fut plus d'aucun usage, même cultivé en treilles avec un abri. Downing (*Fruits et arbres fruitiers d'Amérique*) disait : « C'est très-probablement une espèce étrangère, et, excepté dans un petit nombre de localités, avec un *sol sablonneux* et un climat doux, il est peu probable qu'elle réussisse. » Mais M. Geo.-W. Campbell, à qui nous devons de précieux renseignements sur cette variété et sur plusieurs autres, dit : « D'après ses fruits, ses habitudes de végétation et son feuillage, j'ai toujours considéré l'Ohio, ou Segar-Box, comme de la même famille que l'Herbemont, le Lenoir, l'Elsinburgh et cette classe de raisins du Sud petits et noirs. » Notre ami Sam. Miller, de Bluffton, Missouri, nous écrit : « J'ai eu le Segar-Box ou Longworth's Ohio, pendant de longues années dans l'Est, mais je n'en ai jamais obtenu une bonne grappe. La plante n'était pas rustique, et le fruit était sujet à la fois au *mildew* et à la carie noire. Ici il serait peut-être aussi exempt de maladies que l'Herbemont ou le Cunningham, à la classe desquels il appartient évidemment. » Quand il est mûr, c'est un excellent raisin. Quelques pieds envoyés en France, il y a quelques années, par

M. P.-J. Berckmans, de Géorgie, se sont très-bien comportés, résistant au phylloxera et étant restés bien portants au milieu de vignobles détruits par l'insecte. Ce fait attira vivement l'attention et donna de l'importance à cette variété. Mais, quand on demanda de nouveaux plants à M. Berckmans, il répondit qu'il n'en avait pas et que leur culture avait été entièrement abandonnée. La description qui précède, due à nos horticulteurs les plus expérimentés et les plus dignes de foi, nous fait plus que douter que les vignes qui réussissent si bien chez M. Borty, à Roquemaure, et chez M. Laliman, près de Bordeaux, soient l'Ohio ou Jaques.

Après des recherches nombreuses, nous trouvons, au surplus, que M. G. Onderdonk, le pionnier de la culture des fruits dans le Texas occidental, décrit comme suit le *Lenoir* (dont il avait obtenu de Berckmans le pied primitif) : « *Grappes* grosses, longues, lâches ; *grains* petits, noirs, ronds ; pas de pulpe ; vineux et très-riche en matière colorante ; feuilles lobées; donne de bons produits et est propre à faire du vin. Nous ajouterions que la feuille et l'aspect ressemblent à ceux du *Black spanish*. Nous n'avons jamais planté une variété qui poussât mieux que celle-ci ne l'a fait pendant ses deux ans de culture. En 1873, nous avons ramassé des fruits qui sont restés mûrs soixante-dix jours sur la souche. » De ces faits nous sommes fortement disposés à conclure que ce *Lenoir* est bien la variété à la recherche de laquelle sont nos amis de France [1].

Onondaga. — Semis originaire de Fayetteville, comté d'Onondaga, N.-Y. Croisement entre le Diana et le Delaware. On dit qu'il réunit, jusqu'à un certain point, le bouquet de ces deux variétés; mûrit à la même époque que le Delaware, et, dit-on, conserverait ses fruits tard dans la saison. Son aspect est certainement très-joli; il rappelle celui du Diana. S'il se montre aussi beau et aussi sain que le

[1] Ces renseignements contradictoires laissent encore indécise la question de l'identité de l'Ohio avec le Lenoir ou avec le cépage que M. Laliman a distribué sous le nom de Jacquez; mais toutes les présomptions sont en faveur de l'idée que tous ces noms, auxquels il faut joindre celui de *Black spanish*, ne sont que des synonymes d'une seule variété d'*Æstivalis*. — J.-E PLANCHON.

prétend son obtenteur, ce sera certainement une bonne acquisition, comme raisin pour le marché. N'est pas encore livré au public.

Oporto (*Cord.*).— De la même espèce que le Taylor's Bullit ; vrai raisin indigène sous un nom étranger. *Grappes* petites, ordinairement très-imparfaites ; *grains* petits, noirs, durs et très-acides ; considéré par M. Fuller comme une fort triste variété. « D'aucune valeur ; une complète mystification. » — Husmann.

Regardé comme recommandable pour la cuve par le gouverneur R.-W. Furnas, de Nebraska, qui dit, dans le Rapport de 1871 de la Société pomologique d'Amérique :« Mes vignes d'Oporto n'ont jamais manqué de donner une belle récolte ; l'année dernière, je cueillis *onze cents* belles grappes d'une *seule* vigne âgée de cinq ans. Végétation extrêmement rampante ; grappe en général non compacte, conservant ses grains jusqu'après les premières gelées de l'automne. J'ai trouvé que l'Oporto donnait un très-bon vin de première classe, qui gagnait beaucoup avec l'âge. » Gouverneur, c'est *trop* beau pour être cru !

Othello (Hybride d'Arnold, no 1).—Croisement du raisin qu'on appelle Clinton au Canada (mais qui n'est pas le vrai Clinton), fécondé par le pollen du Black Hamburg. Décrit dans l'*Annuaire horticole américain de* 1868 comme suit : «*Grappe* et *grain* très-gros, ressemblant beaucoup en apparence au Black Hamburg. Noir, avec belle fleur. Peau mince, chair très-ferme, mais non pulpeuse ; bouquet net et ayant du montant, mais, dans les spécimens que nous avons vus, assez acide. Mûrit comme le Delaware.

Nos essais de cette variété n'ont pas été aussi défavorables que nous l'attendions. Les vignes ont montré une bonne végétation, un beau feuillage, grand, profondément lobé, uni, mais peu de fertilité. Les grappes ne ressemblent en aucune façon au Black Hamburg comme aspect ; elles ne sont pas non plus d'une aussi bonne qualité que celles des autres hybrides d'Arnold.

Pauline. Syn.: BURGUNDY OF GEORGIA (Bourgogne de Géorgie), RED LENOIR (Le-

noir rouge). — Vigne du Sud, de la même famille que le Lenoir. On le dit supérieur à la fois pour la cuve et pour la table. De peu de valeur dans le Nord, où il ne mûrit ni ne pousse bien. *Grappe* grande, longue, conique, ailée ; *grains* au-dessous de la moyenne, compactes, couleur ambre pâle ou violette avec une fleur lilas ; chair craquante, vineuse, douce et parfumée. Le plus délicieux raisin que nous ayons vu.» — Onderdonk. Végétation modérée et particulière ; ne se met à produire que tard. Quelquefois perd une partie de ses feuilles trop tôt. Onderdonk croit que c'est un hybride, et non un pur *Æstivalis.* (*Voyez* aussi Bottsi).

Perkins (*Labr.*). — Origine, Massachusets. Ressemble un peu au Diana pour l'aspect général. Raisin de marché très-précoce, recommandable par sa belle apparence, ce qui est plus important sur nos marchés que la bonne qualité. Du reste, les goûts varient, et, pour beaucoup de gens, son fort bouquet foxé ou musqué n'est pas désagréable. *Grappe* moyenne ou grande, ailée ; *grains* moyens, oblongs, souvent aplatis par leur compacité, blanc verdâtre d'abord, puis, à la pleine maturité, d'une belle couleur lilas pâle, avec une fleur blanche, légère ; chair assez pulpeuse, douce, juteuse ; peau épaisse. Mûrit quelques jours après l'Hartford prolific et avant le Delaware. Plante à végétation vigoureuse, saine et fertile.

Pollock (*Labr.*).—Obtenu par MM. Pollock, Tremont, N.-Y. *Grappe* grande comme celle du Concord, compacte ; *grains* grands, pourpre foncé ou noirs ; chair exempte de pulpe, vineuse, pas trop douce. — Strong.

Putnam, ou Semis de Delaware de Ricketts, no 2.— Croisement entre le Delaware et le Concord ; très-précoce ; on le dit doux, riche et bon. Moût, 80o ; acide, 4 1|2 par mill.

Quassaick. — Hybride de Clinton et de Muscat Hamburg, par M. Ricketts, de Newburgh, N.-Y. A une grande *grappe* ailée ; *grains* au-dessus de la moyenne, ovales, noirs, avec fleur bleue ; chair très-douce, juteuse et riche ; vigne saine et fertile. — F.-R. Elliott.

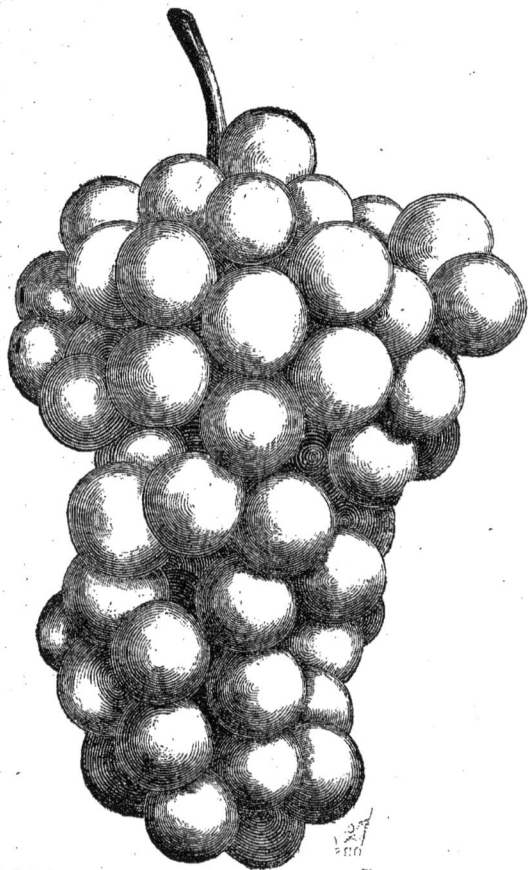

PERKINS

point de pulpe ; bouquet sucré, avec une bonne dose de l'arome du Catawba ; qualité très-bonne. — Ad. Int. Rep.

Raritan. — Semis de Delaware de Rickett n° 1. Croisement de Concord et de Delaware. Plante modérément vigoureuse, rustique, à mérithalles courts ; *grappe* moyenne, ailée ; *grain* rond, noir ; feuilles de dimension moyenne, lobées, veinées ou ridées ; chair juteuse et vineuse ; mûrit à la même époque que le Delaware et commence à se flétrir dès qu'il est mûr. L'obtenteur du Raritan, M. J.-H. Rickett, de Newburgh, N.-Y., prétend que c'est un raisin supérieur pour la cuve, son moût s'élevant jusqu'à 114° à l'échelle d'OEchsle et à 7 mill. d'acide à l'acidomètre de Twitchell. En 1871, M. Rickett a dit, dans un rapport à la Société pomologique d'Amérique, 105° au saccharomètre et 9 ¹/₂ d'acide ; « naturelle ment trop d'acide. »

Rebecca (*Labr.*). — Semis dû au hasard, trouvé dans le jardin de E.-M. Peake, de Hudson, N.-Y. C'est un de nos plus beaux raisins

Raabe. — Quelques personnes disent que c'est un hybride de *Labrusca* et d'*Æstivatis* ou de *Vinifera* ; mais Strong le décrit comme un hybride de l'Elsinburg et du Bland, ce qui est probablement exact. Obtenu par Peter Raabe, près de Philadelphie. On le croyait rustique, mais il n'est que modérément vigoureux et s'est montré tout à fait peu avantageux. *Grappes* petites, compactes, rarement ailées ; *grain* au-dessous de la grosseur moyenne, rond, rouge foncé, couvert d'une épaisse fleur ; chair très-juteuse, avec presque

blancs ; mais malheureusement la plante est très-délicate l'hiver, sujette au *mildew,* d'une végétation faible, d'un feuillage insuffisant et de peu de fertilité. Contre des murs au midi, dans des expositions bien abritées, avec un sol sec et une bonne culture, elle a cependant réussi très-bien et produit dans quelques localités les plus délicieux raisins blancs. *Grappes* moyennes, compactes, non ailées ; *grains* moyens, ovoïdes ; peau mince, vert pâle, teintée

13

d'ambre jaune ou pâle à la pleine maturité, recouverte d'une fine fleur blanche, extrêmement transparente. Chair tendre, juteuse, exempte de pulpe, douce, d'un arome particulier, musqué et douceâtre, distinct de celui de tout autre raisin; pepins petits; feuilles à peine de grandeur moyenne, très-profondément lobées et à dentelures aiguës. Propre seulement à une culture d'amateur.

Rentz (*Labr.*)—Semis obtenu à Cincinnati par feu Sébastien Rentz, viticulteur très-distingué. On le dit égal, si ce n'est supérieur, à l'Ives. Grand raisin noir, assez grossier; à plante et à feuillage très-vigoureux, très-sains et très-fertiles. *Grappe* grande, compacte, souvent ailée; *grain* gros, rond, noir; chair assez pulpeuse et musquée, à jus doux, abondant; mûrit plus tôt que l'Ives seedling, mais n'est pas assez bon pour être recommandé. Bon comme porte-greffe. *Racines* épaisses, à liber uni, ferme, émettant rapidement des radicelles d'une grande résistance au phylloxera; sarments épais, mais ni très-longs, ni rampants. Bois dur, à moelle moyenne.

Requa (Hybride de Rogers, n° 28). — Beau raisin de table. M. Wilder, qui a eu plus que personne l'occasion de se former une opinion éclairée sur les mérites de ces hybrides et qui est sans contredit la meilleure source à laquelle on puisse s'adresser, en donne la description suivante dans le *Grape Culturist* :

« Vigne passablement vigoureuse et très-fertile ; *grappe* grande, ailée; *grain* de moyenne grosseur, à peu près rond ; peau mince; chair tendre et douce, avec une trace de bouquet indigène ; couleur vert bronze, prenant à la maturité un rouge brun sombre ; mûrit au milieu de septembre. Raisin de bonne qualité, mais sujet à la carie noire dans les années défavorables. »

Rickett's seedling Grapes (Vignes de semis de Rickett). — M. J.-M. Rickett, de Newburgh, N.-Y., a travaillé pendant les huit dernières années au moins, avec un énergique désir de produire par l'hybridation quelques variétés propres à la culture en plein air ou en vignoble, meilleures que celles que nous avons, et sa collection de semis nouveaux, qui en comprend aujourd'hui 75, est réellement remarquable, à la fois par leur grande variété et par leur qualité supérieure ; mais, comme il ne les cultive pas sur une grande échelle lui-même et qu'il ne les met pas en vente bien que d'autres puissent le faire, leur rusticité et leur fertilité n'ont pas été encore éprouvées. A en juger par ce que nous avons appris de quelques personnes qui en avaient reçu des greffes, nous craignons qu'elles *ne soient pas* rustiques, et qu'elles soient très-sujettes à la carie noire. Mais il est possible que ces observations ne soient applicables qu'à ceux de ces hybrides qui sont apparentés aux variétés étrangères ; il se peut que les hybrides entre des variétés plus ou moins indigènes soient tout à fait rustiques et sains. Nous souhaitons fermement qu'il en soit ainsi, car nous pouvons témoigner de l'excellence de qualité de ceux des semis de M. Rickett qu'il nous a été donné de goûter à la réunion de la Société pomologique d'Amérique à Boston, en septembre 1873. La plupart d'entre eux ne sont désignés que par des numéros : Clinton, n°s 3 et 24; n°s 32 et 157, semblables au Chasselas blanc ; n°s 71 A et 87 B, blancs, avec un bouquet délicat de muscat ; n° 48, semis de Delaware, et n° 12 B, sont ceux qui nous parurent promettre le plus, et nous offrîmes cent dollars (fr. 500) pour deux jeunes sujets de chacun d'eux ; mais M. Rickett désire vendre le stock entier[1]. Ceux qui ont reçu des noms jusqu'à présent se trouvent, dans ce catalogue, avec les descriptions que nous avons pu nous procurer.

Riesenblatt. (Giant-Leaf) (Feuille-géant). — Semis de hasard de quelque *Æstivalis* qui se trouve dans le vignoble de M. M. Poeschel, à Hermann, M. La vigne est rustique, saine et fertile; végétation énorme et feuille véritablement gigantesque. Une petite quantité de vin fait par MM. Poeschel et Sherer a le ca-

[1] Nous recevons justement l'avis (février 1875) que MM. Hance et Fils ont acheté le stock entier de plusieurs de ces semis nouveaux, en vue de les propager.

ractère du Madère et ressemble à l'Hermann; couleur brun foncé.

Cette variété n'a pas été livrée au public, et par conséquent n'a pas été essayée en dehors de Hermann.

Rogers (Hybrides de). — Ceux des estimables semis de M. Rogers auxquels il a donné des noms, au lieu des numéros par lesquels ils avaient été désignés jusqu'alors, ont été rangés, par ordre alphabétique, à la place qui leur revenait; mais il reste quelques numéros encore innommés et qui méritent de recevoir un nom.(Voyez aussi *Aminia*, probablement n° 39.)

N° 2. — L'un des plus grands de ses hybrides. *Grappe* et *grain* très-gros, pourpre foncé, presque noir; tardif, et pour le bouquet rappelant un peu le Catawba. Vigne à végétation vigoureuse et très-fertile.

N° 5. — N'a pas encore fructifié chez nous. M. Geo. W. Campbell dit :

« L'un des plus beaux hybrides de Rogers, et méritant d'être mieux connu. *Grappe* moyenne ou grande, modérément compacte; *grains* gros, ronds, rouges, doux et riches; exempt de goût foxé et l'un des meilleurs en qualité. Vigne parfaitement rustique et saine, mais d'une végétation moins forte que quelques autres. »

N° 8. — Considéré par M. Husmann

comme un des meilleurs, et comme recommandable pour la fabrication du vin. Il en donne la description suivante : « *Grappe* et *grain* gros; couleur rouge pâle, devenant rouge cuivre foncé quand

HYBRIDE DE ROGERS, N° 8

les grains sont bien mûrs; chair douce, juteuse, à bouquet agréable et presque entièrement exempte de pulpe. Peau à peu près de l'épaisseur de celle du Catawba. Vigne à végétation forte et vigoureuse, à feuillage large, épais et grossier. Rustique et fertile. » Nous n'avons pas une aussi bonne opinion de ces hybrides et crai-

¹ N° 1. Gœthe.
  3. Massasoit.
  4. Wilder.
  9. Lindley.
  14. Gaertner.
  15. Agawam.

N° 19 Merrimac.
  28. Requa.
  41. Essex.
  43. Barry.
  44. Herbert.
  53. Salem.

gnons que leurs racines ne soient pas suffisamment résistantes au phylloxera.

Rulander, ou Ste-Geneviève. Syn.: Amoureux, Red Elben.—Ce que nous appelons ici le Rulander n'est pas la vigne connue sous ce nom dans les environs de Metz, en Europe. On prétend que c'est le semis d'une vigne étrangère apportée par les premiers colons français sur la rive occidentale du bas Mississipi (Ste-Geneviève). Mais M. Husmann croit que c'est une vigne indigène, appartenant à la division méridionale des *Æstivalis*, entièrement différente en feuillage, en bois et en fruit, de la *Vitis vinifera*. Quoi qu'il en soit, c'est certainement une de nos vignes les plus précieuses. *Grappe* un peu petite, très-compacte, ailée; *grain* petit, pourpre foncé, noir, sans pulpe, juteux, doux et délicieux; non sujet à la carie noire ni au mildew. Vigne à végétation forte, vigoureuse; à mérithalles courts, à feuilles cordiformes, vert clair, lisses, restant sur la plante jusque vers la fin de novembre; très-saine et très-rustique, demandant cependant un abri l'hiver[1]. *Racines* très-dures, fortes, avec un liber solide, uni; non sujet aux attaques du phylloxera; bois très-dur, avec moelle petite et écorce solide. Quoiqu'il ne donne pas de grosses récoltes, il rachète en qualité, comme raisin pour la cuve, ce qui lui manque en quantité. Il fait un excellent vin rouge pâle, ou plutôt brunâtre, ressemblant beaucoup au sherry. Ce vin a été couronné à plusieurs reprises, comme l'un des meilleurs vins à couleur légère. Moût, 100° — 110°.

Sainte-Catherine (*Labr.*) — Obtenu par James-W. Clark, Framingham, Mass. *Grappe* grande, assez compacte ; *grains* gros, couleur chocolat, assez doux, coriaces, foxés. De peu de valeur. — Downing.

Salem (Hybride de Rogers, n° 53).— Comme l'Agawam (n° 15) et le Wilder

(n° 11), le Salem est un hybride entre une variété indigène (le Wild Mammoth), qui a été la mère, et le Black Hamburg, qui a été le père. *Grappe* grande et compacte, large, ailée ; *grain* grand comme celui du Black Hamburg, trois quarts de pouce (environ 19 millimètres) de diamètre, de la couleur du Catawba, ou noisette clair; chair passablement tendre, douce, à bouquet riche et aromatique ; un peu foxé à l'odorat, mais non au palais ; considéré comme l'un des meilleurs de qualité. Peau assez épaisse, pepins grands; mûrit aussitôt que le Concord, et comme lui se conserve bien. Vigne très-vigoureuse, saine ; feuillage grand, fort et abondant; bois d'une couleur plus claire que celui de la plupart des vignes de Rogers. Les *racines* sont d'une épaisseur moyenne, branchues, à liber ferme, uni, et ont plus du caractère indigène que la plupart des autres hybrides ; elles paraissent résister au phylloxera aussi bien que le plus grand nombre des variétés de *Labrusca*. On peut propager le Salem par boutures avec une remarquable facilité, et la vigueur de végétation de ses rameaux est presque sans égale parmi les hybrides. Bois assez ferme, avec une moelle modérée.

Schiller. — Un des semis de Louisiana de Muench. Vigne parfaitement rustique; végétation vigoureuse, saine et, jusqu'à présent, plus fertile que les autres semis de ce viticulteur. Fruit bleu purpurin, mais jus clair ; à tous autres égards, tout à fait semblable à son Humboldt.

Scuppernong. Syn. : Yellow Muscadine, White Muscadine[1], Bull, Bullace ou Bullet, Roanoke (*Vitis vulpina* ou *V. rotundifolia*). — Cette vigne est proprement et exclusivement une vigne du Sud. Dans la Caroline du Sud, la Floride, la Géorgie, l'Alabama, le Mississipi, et dans certaines parties de la Virginie, de la Caroline du Nord, du Tennessee et de l'Ar-

---

[1] Il ne faut pas oublier que l'auteur parle des hivers du Missouri, qui sont bien plus rudes que les nôtres. (*Note des traduct.*).

[1] Les raisins noirs ou pourpres de cette classe sont souvent appelés, *à tort*, « Black Scuppernong » (Scuppernong noir). Les horticulteurs du Sud les désignent sous différents noms, tels que Flowers, Mish, Thomas, etc.

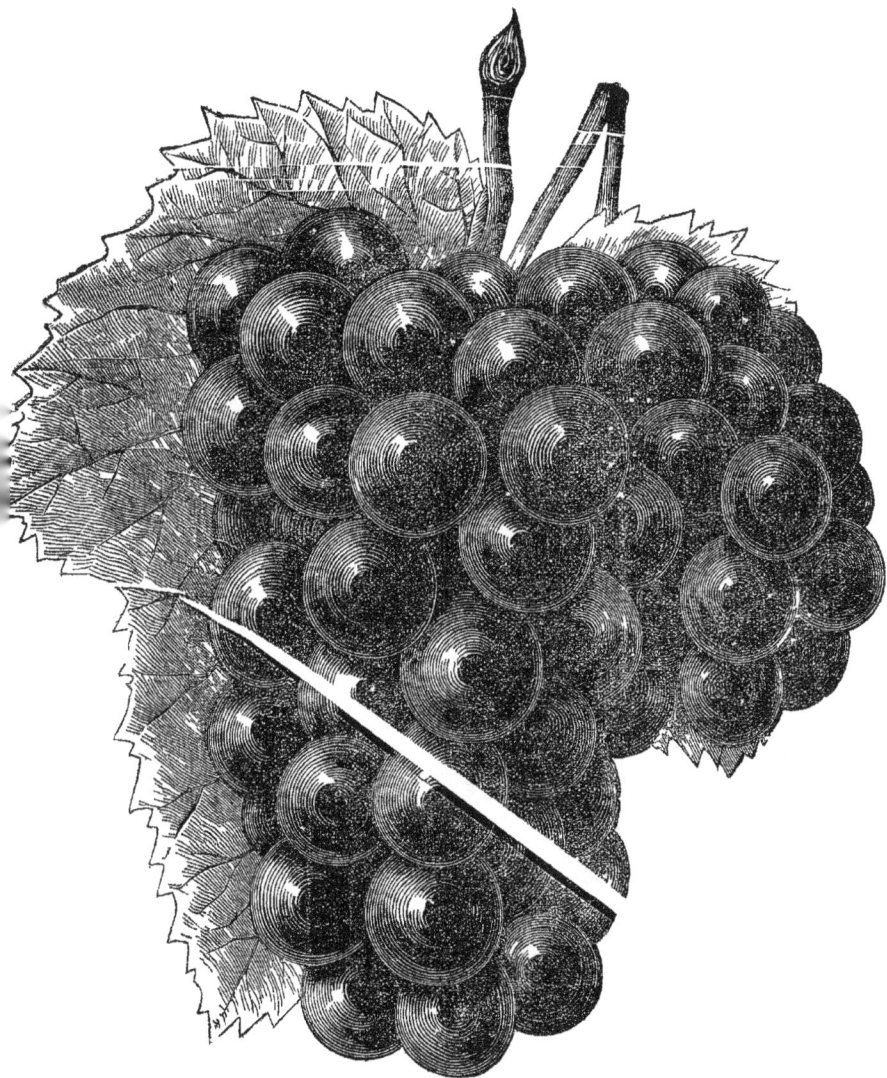

SALEM

kansas, elle est la vigne de prédilection, produisant annuellement des récoltes certaines
et abondantes, ne demandant presque pas de
soins ni de travail. Elle est entièrement à
l'abri du *mildew*, de la carie noire ou de toute
autre des maladies si désastreuses pour les
espèces du Nord ; elle est aussi entièrement
à l'abri du phylloxera[1] ; mais on ne peut pas
la cultiver au nord de la Caroline, du Tennessee et de l'Arkansas, ni même au Texas.
M. Onderdonk, dont les pépinières sont les
plus méridionales de toutes celles des États-
Unis, dit du Scuppernong : « Nous l'avons
essayé à plusieurs reprises et avons toujours

SCUPPERNONG

échoué. » Quant à, nous, nous n'essayerions
pas de le cultiver, même si nous le pouvions,
parce que nous pouvons avoir des raisins qui
lui sont bien supérieurs.

Nous savons que les gens du Sud sont
très-susceptibles et considèrent comme une
injuste partialité, si ce n'est comme une in-

[1] C'est tout à fait par exception qu'on y a
trouvé des galles phylloxériques.
(*Note des traducteurs.*)

sulte, que l'on dise quelque chose contre leur
raisin favori, le Scuppernong, « *don divin*

« Envoyé dans les temps de trouble et de chagrin pour
» rendre au Sud sa joyeuse humeur naturelle. »

Comme nous souhaitons très-cordialement
que cette joie revienne à notre Sud affligé,
nous nous abstiendrions de toute remarque
tendant à déprécier ce « *don divin* », si l'on
n'avait pas essayé de montrer aux populations en détresse de la France le Scuppernong comme la seule branche de salut pour
la reconstitution de leurs beaux vignobles
(*Le Phylloxera et les Vignes américaines*, par
M. C. Le Hardy de Beaulieu). Nous ne cite-
rons toutefois que des autori-
tés du Sud et des cultivateurs
de Scuppernong.

P.-J. Berkmans, Géorgie :
« Je ne saurais trop faire l'é-
loge du Scuppernong comme
vigne à vin. C'est une de ces
choses qui ne manquent jamais. *Naturellement, je ne le
compare pas au Delaware et à
d'autres variétés à bouquet distingué* ; mais la question est
celle-ci : « Où trouverons-nous
une vigne qui nous donne du
profit ? » Nous l'avons dans le
Scuppernong. On ne peut pas le
cultiver, vers le Nord, au delà
de Norfolk. » *Société pomologique américaine*, 1873.

J.-H. Carleton, El Dorado,
Arkansas : « Le fruit est si favorable à la santé, qu'on ne connaît personne qui en ait jamais
été malade, à moins d'en avoir
avalé la peau, qui est très-indi-
geste. J'ai fait, l'année dernière,
un peu de vin de Scuppernong
en l'additionnant de très-peu de
sucre, une livre et demie par
gallon (3 litres 80 centilitres) de
moût, et, quoique les raisins ne fussent pas
aussi mûrs qu'ils auraient dû l'être, ce vin a
beaucoup de corps. Quelques personnes l'ap-
pellent « le raisin des paresseux. » J'admets le
reproche et n'en estime le raisin que davantage.

J.-R. Eakin, Washington, Arkansas : « Je
ne sais vraiment que dire de ce fruit non
décrit, qu'on appelle un raisin. C'est un grain
grossier, à peau épaisse, à bouquet douceâtre,
musqué. La vigne se tire d'affaire elle-même.

Elle ne demande et ne supporte pas la taille, produit abondamment et n'a pas de maladies. Avec une addition de sucre, le Scuppernong fait un vin sec très-salubre et agréable et, quand il est remonté avec de l'eau-de-vie de pomme (dois-je l'avouer?), excellent à boire. Je le considère à peine comme un raisin, mais comme un fruit *sui-generis* très-utile, et j'espère qu'il sera cultivé largement par ceux qui ne sont pas portés à s'occuper des raisins à grappes (*bunch grapes*), comme leurs amis ont l'habitude d'appeler l'Herbemont, le Catawba et d'autres, raisins plus ennuyeux à cultiver, mais, je dois bien le dire, beaucoup meilleurs. A chacun son goût. »

A.-C. Cook, de Géorgie : « Il manque à la fois de sucre et d'acide ; il ne donne que 10 pour cent du premier et 4 pour mille du second. » (*Grape Culturist*, juillet, 1870.)

Le Scuppernong fut découvert par la colonie de sir Walter Raleigh, en 1554, dans l'île de Roanoke, Caroline du Nord, où l'on dit que la vigne originale existe encore. Elle serait âgée de plus de trois cents ans. Par l'aspect le bois, le fruit, les habitudes, elle est entièrement distincte, ou « unique », comme le dit M. Van Buren, qui s'exprime ainsi : « Il y a une ressemblance entre les *V. Vinifera*, *Labrusca*, *Æstivalis*, *Cordifolia*. Elles peuvent toutes se croiser et produire des hybrides ; mais aucune d'elles ne peut se croiser avec la *V. Rotundifolia* qui fleurit deux mois plus tard qu'aucune d'elles. L'odeur du Scuppernong est délicieuse quand il est mûr, et bien différente de la mauvaise odeur de nègre de la famille des Fox Grapes. » (Il ne faut pas que les gens du Nord soient susceptibles !) La végétation de cette vigne, ou plutôt la surface sur laquelle ses branches s'étendent avec le temps, est presque fabuleuse. L'écorce du Scuppernong est unie, d'un gris cendré. Le bois est dur, à tissu serré, solide. Les *racines* sont blanches ou couleur de crême. Les feuilles, avant de tomber, en automne, prennent une brillante couleur jaune.

Grappe ou grappillon composé habituellement de quatre à six grains seulement, rarement davantage, gros, à peau épaisse, pulpeux. Ils mûrissent en août et septembre, pas tous en même temps. Ils tombent au fur et à mesure de leur maturité, quand on secoue la vigne, et on les ramasse ainsi sur le sol. Couleur jaunâtre, un peu bronzée quand la maturité

est complète. La pulpe est douce, juteuse, vineuse, ayant un bouquet musqué ; — parfum délicat pour certains goûts, répugnant pour d'autres. Additionné de sucre ou d'eau-de-vie, ou des deux ensemble, il fait un bon et agréable cordial, d'un arome excellent. Les membres du jury du Congrès de 1874, à Montpellier (France), déclarèrent tous les vins de Scuppernong qui s'y trouvaient « fort peu agréables », quelques-uns même « d'un goût désagréable. »

Secretary.—Obtenu par J.-H. Rickett, de

SECRETARY

Newburgh, N.-Y., par le croisement du Clinton et du Muscat Hamburg. Plante vigoureuse, rustique. *Grappe* grosse, modérément compacte, ailée, avec un *grain* grand, noir, ovale-rond. Le pédoncule rouge à la base, quand on le retire du grain. Chair juteuse, douce, nourrissante, légèrement vineuse. Moût, 93° au saccharimètre ; acide, 7 $^1/_4$ par mill. Feuillage semblable à celui du Clinton, mais plus épais et à peu près de la même grosseur.

leur noire, avec fleur bleue ; qualité très-bonne. Le fruit a le caractère charnu particulier de certains raisins étrangers, avec un bouquet plein de feu, vineux. La vigne est vigoureuse et fertile dans un sol riche ; modérément rustique. La feuille est très-ferme et ne révèle aucune trace d'origine étrangère, excepté quand elle mûrit ; elle prend alors, au lieu de la couleur jaune du Concord, la couleur cramoisie de la feuille mûre du Black Prince. Chez nous, à Bushberg, il n'a pas réussi aussi bien et n'est pas, à beaucoup près, aussi recommandable que les nouvelles variétés d'Underhill, le Black Eagle et le Black Defiance. L'obtenteur lui-même ne recommande pas le Senasqua comme un raisin avantageux pour le marché, à cause de sa maturité tardive (quelque jours plus tard que le Concord), mais seulement comme un estimable et beau fruit d'amateur. Comme tel, il est de premier rang, « du plus grand mérite pour ceux qui apprécient l'éclat et le brillant dans un raisin. » —Nous donnons, dans la planche ci-jointe, la reproduction d'une grappe de grandeur moyenne.

SENASQUA

Senasqua. Hybride obtenu par Stephen Underhill, Croton Point, N.-Y, du Concord et du Black Prince. Le pepin fut semé en 1863, et la plante porta ses premiers fruits en 1865. *Grappe* et *grain* variant du moyen au grand. La grappe est très-compacte, au point de faire éclater les raisins ; cou-

Seneca. — Très-ressemblant, si même il n'est identique, à l'Hartford. Exposé pour la première fois à Hammondsport, N.-Y., en octobre 1867, par M. E. Simpson, de Genève, N.-Y. Hautement recommandé par T.-S. Hubbard, N.-Y. Inconnu dans l'ouest.

Talman's Seedling ou **Tolman** (*Labr.*) —Venu dans l'ouest de l'État de New-York, comme raisin précoce de marché, *ressemblant extrêmement à l'Hartford.* Grappe moyenne ou grande, compacte, ailée ; *grain* gros, noir, adhérent au pédoncule. Peau épaisse et ferme ; chair douce, juteuse, un peu pulpeuse, avec un léger goût foxé. Plante à végétation vigoureuse, trop abondante, parfaitement rustique, saine et très-fertile ; on dit qu'il mûrit huit jours plus tôt que l'Hartford. Qualité pas très-bonne ; cependant quelques personnes le préfèrent à l'Hartford. Cette variété aurait été, dit-on, expédiée au dehors comme variété nouvelle, sous le nom de *Champion;* mais le propriétaire de cette dernière, M. R.-J. Donnelly, de Rochester, réclame pour son « Early Champion » ce mérite de la nouveauté. La maturité en serait de quinze jours en avance sur celle du Tolman ou de tout autre; l'auteur en appelle, à cet égard, au témoignage de Ellwanger et Barry, de Hooker et d'autres horticulteurs importants, qui ont vu cette vigne en végétation.

Taylor ou **Bullit** (souvent appelé Taylor's Bullit) (*Cord.*).—Répandu par le juge Taylor, de Jéricho, comté de Henry, Kentucky. Il est généralement considéré comme très-improductif. Il semble que les vignes de cette variété demandent, pour bien produire, de l'âge et une taille en coursons sur le vieux bois. M. Husmann dit :

« Donnez à la vigne beaucoup d'espace et beaucoup à faire; taillez-la à long bois, et nous croyons qu'elle portera des récoltes satisfaisantes, quand elle aura quatre ans. »

Nous l'avons essayé en vain.

M. Samuel Miller suggère de planter le Clinton au milieu du Taylor pour le fertiliser ; mais nous trouvons aussi que les avantages résultant de ce système sont insuffisants pour en balancer les divers inconvénients ; et cependant nous avons vu des vignes de Taylor, cultivées pour elles-mêmes en forme de « souche » (ayant la forme d'un petit saule pleureur, avec des sarments qu'on ne laissait pousser que du sommet et non de la base du tronc, taille à coursons l'hiver, mais sans suppression de la pousse par la taille d'été), produire de 5 à 10 livres par souche. Les *grappes* sont petites, mais compactes et quelquefois ailées ; *grain* petit, blanc, d'une couleur d'ambre pâle, tournant même au rouge pâle, comme le Delaware, quand il est bien mûr, rond, doux et sans pulpe. Peau transparente, très-mince, mais solide. Vigne d'une végétation très-forte, rampante, saine et très-rustique. *Racines* comparativement peu nombreuses, raides et très-fortes, avec un liber mince, dur. Les jeunes radicelles poussent aussi rapidement que le phylloxera peut les détruire ; cette variété doit à cela de posséder une grande force de résistance à l'insecte. Son vin a du corps et un parfum agréable, ressemblant peut-être plus qu'aucun autre de nos vins américains au célèbre Riesling des bords du Rhin. On répand maintenant quelques semis de Taylor qui promettent beaucoup. *Voyez* Elvira.

Telegraph (*Labr.*). — Semis obtenu par un M. Christine, près de Westchester, comté de Chester, Pa., et baptisé par P.-R. Freas, éditeur du Germantown *Telegraph* (l'un des meilleurs journaux d'agriculture de l'Est). Plus tard, on a fait la tentative de changer ce nom contre celui de *Christine,* mais cette tentative n'a pas réussi. M. Sam. Miller, de Bluffton, dit que c'est un des nouveaux raisins *précoces* qui promettent le plus, et nous le considérons comme beaucoup meilleur que l'Hartford prolific. *Grappe* moyenne, très-compacte, ailée ; *grain* moyen, ovale, noir, avec fleur bleue ; chair juteuse, avec très-peu de pulpe, parfumée et de bonne qualité ; mûrit presque aussitôt que l'Hartford prolific. Produit constamment et sûrement, mais perd souvent sa récolte par la carie noire, surtout dans le Sud-Ouest. Vigne saine, vigoureuse dans un sol riche. *Racines* très-abondantes, lourdes et remarquablement fibreuses, avec un liber épais, mais assez ferme. Sarments forts, d'une

14

longueur normale, courbés à la base, avec
un nombre ordinaire de branches latérales. Bois dur, avec moelle moyenne.

Theodosia.— Semis venu par hasard dans
le jardin d'E. S. Salisbury, Adams, N.-Y.; on
dit que c'est un *Æstivalis*. D'après M. Salisbury, la *grappe* est très-compacte ; *grains*
noirs, intermédiaires pour la grosseur entre le
Delaware et le Creveling, très-acides; très-
précoce et vanté comme un bon raisin pour
la cuve. Mais, au concours de raisins tenu
à Hammondsport le 12 octobre 1870, le rapport classa le Theodosia comme le plus bas
pour le rendement en sucre, 63 $\frac{1}{2}$ à l'échelle
d'Œschle, avec plus de 11 par mill. d'acide.

Thomas.—Nouvelle variété de Scuppernong,
découverte et introduite par M. Drury Thomas,
de la Caroline du Sud, et décrite ainsi : « La
couleur varie du rouge pourpre au noir foncé ;
peau mince ; chair douce et tendre ; moins
grand que le Scuppernong ; fait un beau vin,
et est de qualité supérieure pour la table.
Mûrit comme le Scuppernong.

To-Kalon. Syn. : WYMAN, SPOFFORD
SEEDLING, CARTER (*Lab.*).—Doit son origine
au Dr Spofford, de Lansingburg, N.-Y.,
et fut d'abord considéré comme identique au Catawba. Charles Downing montra
qu'il était entièrement distinct et, au premier abord, le recommanda hautement pour
la grande culture ; mais, bientôt après,
il trouva que le fruit tombait, qu'il avait
des dispositions à la carie noire et au
mildew, qu'il ne mûrissait pas bien, et il
a conclu ainsi, en admettant toutefois que
« ce raisin est très-beau, quand on peut
l'obtenir. » *Grappe* moyenne ou grande, ailée, compacte ; *grains* variant de la forme
de l'ovale à l'allongé, presque noir et
recouvert d'une abondante fleur ; chair
douce, butyreuse et abondante, sans goût
foxé et avec très-peu de ténacité ou d'acidité dans la pulpe. Produit de bonne
heure, mais peu.

Triumph (Hybr. de Concord de Campbell, n°6.) — Est proclamé par M. S. Miller, à qui M. Campbell confia cette nouvelle
variété pour l'essayer et la propager dans

le Missouri, comme *celui de tous les raisins
blancs qui promet le plus.* C'est un croisement
entre le Concord et le Chasselas Mosquee
(Syn. : Joslyn's St.-Albans). Comme son
Concord Muscat, il a retenu, même plus
que celui-ci, la vigueur et l'allure générale
du feuillage et de la végétation de son
parent ; toutefois son fruit est entièrement
exempt de toute trace de rudesse ou de
goût et d'odeur foxés. *Grappe* et *grains*
très-gros ; couleur blanche, peau mince,
pas de pulpe, pepins petits et peu nombreux; mûrit plus tard que le Concord
(ici le 16 sept.), presque aussi tard que le
Catawba, et, sous ce rapport, n'est pas à
recommander pour le Nord ou pour toute
localité où la saison est trop courte pour
permettre au Catawba ou à l'Herbemont de
mûrir, mais d'autant plus précieux vers
le Sud ; qualité de premier choix. Vigne
saine et rustique, très-fertile et exempte
de maladie, n'ayant pas la carie noire,
même quand le Concord l'a plus ou moins.
M. Miller prédit un splendide avenir à
cette variété ; nous-mêmes, nous souhaitons que son succès puisse justifier son
nom, et nous espérons qu'il le fera.

Uhland.—Nouveau semis de Louisiana,
obtenu par Münch, et considéré par lui
comme le plus rustique et le plus fertile,
et par conséquent comme le plus méritant
de la série.

Una (*Labr.*). — Semis blanc, obtenu par
M. E.-W. Bull, l'obtenteur du Concord. Ni
aussi bon, ni aussi fertile que le Martha.
Grappe et *grain* petits ; très-foxé ; pas recommandable.

Underhill. Syn. : UNDERHILL'S SEEDLING,
UNDERHILL'S CELESTIAL (*Labr.*).—Né à Charlton,
comté de Saratoga, N.-Y., par les soins du
docteur A.-K. Underhill ; jugé par M. Fuller
« comme n'ayant pas plus de valeur que plusieurs autres fox grapes », mais considéré par
G.-W. Campbell comme « ayant plus de valeur que l'Iona pour la grande culture. » *Grappe*
moyenne, ou grande, modérément compacte ;
grains moyens, ronds, de la couleur du Ca-

tawba ; pulpe tendre, douce, riche et vineuse, légèrement foxée ; mûrit de bonne heure, à peu près comme le Concord ; vigne à forte végétation, rustique, saine et fertile. Non essayé encore ici.

Union Village. Syn.: SHAKER, ONTARIO (*Labr.*). — Né parmi les Shakers, à Union Village, Ohio. L'un des plus gros raisins indigènes que nous ayons et l'une des vignes dont la végétation est le plus vigoureuse. On dit que c'est un semis d'Isabelle, à peine meilleur que celle-ci, mais dont les grappes et les grains sont de la grosseur de ceux du Black Hamburg. *Grappes* grandes, compactes, ailées ; *grains* très-gros, noirs, oblongs ; peau mince, recouverte de fleur ; chair tout à fait douce quand elle est bien mûre et de qualité passable ; mûrit tard et inégalement. Vigne à forte végétation, mais délicate ; demande un abri quand l'hiver est rude ; souvent maladive.

Urbana (*Labr.*).— *Grappe* moyenne, courte, ailée ; *grain* moyen ou gros, rond, blanc jaunâtre au soleil, juteux, vineux, acide ; centre dur ; peau parfumée. Mûrit à peu près comme l'Isabelle. — Downing.

Venango ou **Minor's Seedling** (*Labr.*). — Vieille variété, qu'on dit avoir été cultivée par les Français au fort Venango, sur la rivière de l'Alleghany, il y a environ quatre-vingts ans. *Grappe* moyenne, compacte ; *grains* au-dessus de la moyenne, ronds, souvent aplatis par leur compacité ; couleur rouge pâle, belle fleur blanche ; peau épaisse ; chair douce, mais pulpeuse et foxée. Plante à végétation vigoureuse, très-rustique, saine et fertile.

Victoria (*Labr.*) de Ray. — Cette nouvelle variété a été introduite en 1871-1872 par M. M.-M. Samuels, de Clinton, Ky., qui en donne la description suivante : « *Grappes* et *grains* de grosseur moyenne, ronds ; couleur légèrement ambrée ; peau mince ; pulpe tendre, douce et très-parfumée ; vignes parfaitement saines ; production abondante ; bonne végétation, mais non rampante. » Cette variété a été essayée pendant nombre d'années par quelques personnes, dans différentes parties du Sud, et a été même, sous l'influence de circonstances contraires, exempte à la fois du *mildew* et de la carie noire. Elle mûrit ici vers le milieu d'août. On l'a proclamée excellente comme raisin de table, et comme donnant un vin de qualité supérieure.

Nous trouvons qu'elle ressemble tout à fait au *Perkins*.

Walter (*Labr.*).— Obtenu par un horticulteur enthousiaste, M. A.-J. Caywood, de Poughkeepsie, N.-Y., par le croisement du Delaware et du Diana. Si l'on en juge par les nombreuses récompenses que cette variété a obtenues, par les rapports favorables émanant de tous ceux qui en ont vu et goûté le vin, on peut la ranger parmi celles qui sont de premier ordre, et la juger digne d'être essayée partout où les vignes américaines sont cultivées avec succès. Toutefois, le Walter souffre de l'inconvénient d'avoir été représenté par son obtenteur comme le comble de la perfection, ou tout au moins comme supérieur à toutes les autres variétés américaines. Pour rendre justice à M. Caywood, on doit admettre qu'il prête à son plant ; il faut reconnaître qu'il l'a distribué avec une libéralité et un désintéressement rarement égalés par aucun obtenteur de variété nouvelle. Ce cépage existe maintenant presque partout aux Etats-Unis, et les opinions sur ses vrais mérites et sur son appropriation à la grande culture diffèrent singulièrement suivant les localités. Dans celles où les vignes sont très-sujettes au *mildew*, le Walter ne peut pas fleurir; il y perd ses feuilles et est loin d'y être recommandable ; mais, dans les localités favorables, surtout là où le Delaware réussit, le Walter donne aussi de bons résultats; il pousse bien et produit convenablement. Même dans des localités moins favorisées, il s'est montré sain et a donné de beaux résultats, greffé sur Concord ou sur d'autres plants à racines

SPIEGLE. N. Y.

WALTER

vigoureuses, tandis que franc de pied il échouait.

L'aspect général du Walter permet de discerner à la fois, chez lui, les caractères du Diana et ceux du Delaware. La *grappe* et le *grain* sont de grosseur moyenne, de couleur claire, comme chez le Catawba. Chair tendre, riche et douce, à bouquet parfumé agréable, rappelant beaucoup celui du Diana. Le fruit possède un arome exquis et délicat et un bouquet que n'égale aucun autre raisin américain, à notre connaissance. Qualité excellente à la fois pour la table et pour la cuve. Mûrit de très-bonne heure, vers la même époque que le Delaware. Vigne d'une très-belle végétation, dans un sol modérément riche et sablonneux, et quand elle n'a ni *mildew* ni phylloxera; bois brun foncé, à mérithalles courts; grandes feuilles raides, vertes en-dessus et en-dessous, non laineuses. Moût, 99° à 100°; acide, 5 à 8 par mill.

Weehawken. — Obtenu par le D^r Ch. Siedhof de North-Hoboken, N.-J., du pepin d'une vigne de Crimée. — *V. vinifera.* Raisin blanc de bonne qualité.

Son feuillage est très-beau et d'un caractère décidément étranger; son fruit est joli; mais ce n'est qu'en le greffant sur des racines indigènes, en l'élevant soigneusement et en l'abritant l'hiver, que nous pouvons en obtenir quelques fruits, quand l'année est favorable.

White Delaware (Delaware blanc). — Pur semis de Delaware, dont l'origine est due à M. Geo.-W. Campbell, de Delaware, O., de qui nous avons reçu quelques pieds de cette variété en 1873.

Cette vigne passe pour être beaucoup plus vigoureuse et plus robuste que le Delaware, les mêmes circonstances et les mêmes conditions étant données. Son feuillage est grand, épais et lourd; il ressemble plus à celui du Catawba qu'à celui du Delaware. Chez M. Campbell, le White Delaware a jusqu'à présent résisté à la fois au *mildew* et à la carie noire, dans de très-mauvaises années, et a parfaitement mûri son fruit quand le Concord et le Delaware étaient et l'un l'autre détruits. Comme bouquet, il paraît à M. Campbell être tout ce qu'on peut désirer, supérieur même à l'ancien Delaware. Son seul défaut, dit-il, est le manque de grosseur. Les *grappes* et les *grains* sont plutôt au-dessous qu'au-dessus de la grosseur de ceux du Delaware. Pour la forme de la grappe et du grain, il lui est semblable; la grappe est compacte, ailée; couleur *blanc verdâtre,* avec légère fleur blanche. Fertile, mais probablement pas aussi sujet que le Delaware à se surcharger de fruits.

Si son tempérament plus vigoureux permettait à cette nouvelle variété de réussir dans des localités où le Delaware échoue, le manque de grosseur ne l'empêcherait pas, selon nous, de devenir un raisin très-recommandable pour la grande culture. Nous la considérons comme digne d'être essayée.

Un autre semis de Delaware blanc a été obtenu par M. Herm. Jæger, de Neosho; la grappe et les grains ressemblent beaucoup à ceux du Delaware, pour la forme et la grosseur; pour le reste, il a tous les caractères des *Labrusca.*

Whitehall (*Labr.*). — Raisin *nouveau,* précoce, noir, qu'on suppose être un semis de hasard, venu dans le jardin de M. George Goodale, à Whitehall, comté de Washington, N.-Y., et qu'on dit être de trois semaines en avance sur l'Hartford prolific! MM. Merrell et Coleman, qui l'ont propagé et qui offrent maintenant ce nouveau raisin, le décrivent comme ayant la grosseur de l'Isabelle. *Grappe* grande, modérément compacte; couleur pourpre foncé; *grains* à peau mince et adhérant bien à la tige; pulpe tendre, fondante et douce. On dit que la plante a une bonne végétation, qu'elle est rustique et exempte du *mildew.*

Cette variété peut, selon toute apparence, mériter l'attention des viticulteurs à la recherche de variétés *très-précoces.*

Wilmington (?) — Raisin blanc, venu sur la ferme de M. Jeffries, près de Wilmington,

Del. Vigne très-vigoureuse, rustique. *Grappes* grandes, lâches, ailées ; *grains* gros, ronds, inclinant à l'ovale, blancs-verdâtres, ou jaunâtres à la pleine maturité. Chair acide, piquante. Non recommandable pour le Nord; serait peut-être meilleure dans le Sud. Mûrit tard. — Downing.

Wilmington red (Wilmington rouge). Syn.: WYOMING RED (*Labr.*). — Obtenu et répandu par S.-J. Parker, M. D., Ithaca, N.-Y., et, d'après Fuller, « pas autre chose qu'un *Fox Grape* rouge précoce, mais un peu meilleur que l'ancien Northern Muscadine. » L'*Horticulturist* de novembre 1874 parle du *Wyoming rouge* (c'est probablement le nom exact du *Fox Grape* rouge de semis du Dr Parker), comme s'étant rapidement répandu et comme étant très-demandé dans l'Etat de New-York, à cause des avantages qu'il offre comme raisin rouge *précoce*.

Wilder (Hybride de Rogers, n° 4). — Cet hybride promet d'être l'une des variétés les plus avantageuses et les plus populaires pour la vente au marché, sa grosseur et sa beauté égalant sa vigueur, sa rusticité et sa fertilité. *Grappe* grosse, souvent ailée, pesant quelquefois une livre ; *grain* gros, globulaire ; couleur pourpre foncé, presque noire ; fleur légère. Chair passablement tendre, avec une légère pulpe, juteuse, riche, agréable et douce. Mûrit comme le Concord, quelquefois plus tôt ; se conserve longtemps. Vigne vigoureuse, rustique, saine et productive ; *racines* abondantes, d'épaisseur moyenne, droites, à liber uni, modérément ferme. Sarments lourds et longs, à branches latérales bien développées. Bois ferme, avec moelle moyenne. La planche de l'Agawam (pag. 59) et celle du Senasqua (pag. 116) peuvent servir à donner une bonne idée de la forme et de l'aspect du Wilder.

Winslow (*Cord.*). — Né dans le jardin de Charles Winslow, Cleveland, O. La plante ressemble au Clinton, est rustique et fertile. Le fruit mûrit de très-bonne heure, et est moins acide que celui du Clinton. *Grappe* moyenne, compacte; *grain* petit, rond, noir. Chair d'une teinte rougeâtre, un peu pulpeuse, vineuse, juteuse. — Downing.

Wylie's new seedling Grapes (Nouvelles vignes de Wylie, obtenues de semis).— « On ne saurait parler trop favorablement des efforts persévérants que fait le Dr Wylie pour l'amélioration de la vigne.» *P.-J. Berckmans, Ch. Downing, Thomas Meehan, W.-C. Flagg, P.-T. Quinn,* Commission des fruits indigènes de la Société pomologique d'Amérique (opérations de 1871, pag. 54).

Ce témoignage et les caractères excellents de ces hybrides, en ce qui est du bouquet et de l'aspect général, leur donnent droit à une attention spéciale. Aussi leur donnons-nous une place dans ce catalogue, quoiqu'ils n'aient pas encore été suffisamment essayés, et que nous les cultivons dans ce moment, sous la réserve de n'en vendre et de n'en donner à personne. Mais, dès qu'ils auront été suffisamment éprouvés dans différentes localités et qu'ils auront donné des preuves satisfaisantes de leur mérite, leur obtenteur en distribuera avec une grande libéralité, quoique peu de personnes soient à même d'apprécier le travail et la persévérance considérables que ses tentatives lui ont coûtés. En 1859, il avait obtenu déjà plusieurs semis de Delaware et de vignes étrangères; tous échouèrent. Le Catawba, l'Isabelle, l'Halifax, l'Union Village, le Lenoir, l'Herbemont, et d'autres hybrides qu'il avait obtenus en croisant plusieurs de ces variétés avec des variétés étrangères, échouèrent presque tous, la plupart par le *mildew* et la carie noire. Plusieurs auraient produit des vignes de belle apparence, mais elles n'auraient pas donné de fruit. En 1863, il avait plus de cent plants obtenus de semis qui donnaient des promesses ; il en donna à M. Robert Guthrie, du comté d'York, Caroline du Sud, environ 65, la plupart hybrides d'Halifax et de Delaware. Ces plantes fleurirent et ne manquèrent jamais de donner une belle récolte ; mais, quelques années après, M. Guthrie ayant dû s'absenter, les vignes furent entièrement négligées. Le sol de M. Wylie est une argile compacte (*tenacious pipe clay*), le plus mauvais sol pour la vigne, et, pendant la guerre, ses vignes furent détruites par le voisinage de troupes qui campaient près d'elles. C'est ainsi qu'il n'existe plus qu'un petit nombre de ces hybrides d'Halifax et de Delaware, que M. Guthrie a lui-même sauvés. En 1868, M. Guthrie planta environ cent semis de Concord fécondés par des vignes étrangères et environ cinquante Diana fécondés par le St-Peter de West, le Chasselas blanc et le Lady Downe's Seedling. Plusieurs d'entre eux furent pris par le *mildew* ; quelques-uns moururent, et il les abandonna. Après plusieurs tentatives infructueuses pour obtenir des semis de Scuppernongs hybridisés, il réussit enfin ; mais, par suite d'une trop grande chaleur produite dans sa petite serre, il les perdit encore presque tous. Il reprit ses expériences à nouveau et avait en culture une centaine de nouveaux plants provenant de semis, quand ils furent tués le 27 avril 1872, par une forte gelée qui emporta toutes les vignes de cette région. En novembre 1873, son habitation fut Brûlée (elle n'était pas assurée), et, par suite, son jardin, privé de ses barrières, fut livré à diverses déprédations, etc. M. Wylie a rebâti maintenant, et il est de nouveau dans son ancienne résidence, expérimentant et travaillant avec le même zèle et le même enthousiasme qu'autrefois, disant :

« Si j'étais jeune encore — avec ce que je sais ! »

Nous extrayons ce qui suit de diverses lettres de M. Wylie, sûrs que ces extraits intéresseront les viticulteurs comme caractérisant l'obtenteur et ses nouveaux hybrides : « Je vous envoie quelques *scions* de mes meilleurs hybrides, pour que vous les greffiez. Je désire que vous en fassiez bien l'essai. J'ai de la peine à croire qu'aucun d'eux se montre délicat chez vous, à l'exception de « Jane Wylie.» Je marque d'une astérisque ceux que j'ai trouvés les plus rustiques, et que je juge devoir l'être aussi au nord, d'après leurs ascendants. En décrivant mes différents hybrides, je nomme toujours la plante mère la première ; ainsi, *Halifax* et *Delaware* signifient que l'Halifax est la mère, et le Delaware le père. »

Jane Wylie (Parents, Clinton et Etranger). — *Grappe* et *grain* très-gros; grains de près d'un pouce (25 millimètres) de diamètre ; qualité *première*, ressemblant à la vigne étrangère par la conformation et le bouquet ; mûrit de bonne heure et reste longtemps sur la souche ; pourrait avoir besoin d'abri l'hiver sous votre climat et plus au nord.

***Clinton** et **Etranger** (Frontignan rouge) nº 6. — Blanc, légèrement rouge sur le milieu du grain; ressemble au Chasselas blanc; *grappe* grande, grains au-dessus de la moyenne ; pas aussi précoce que le Jane Wylie; bois et feuillage *indigènes*; paraît être tout à fait rustique et est de la meilleure qualité.

Harry Wylie. — Hybride (l'étiquette de la parenté est perdue) blanc; *grappe* et *grains* à peu près de la grosseur de ceux du Lenoir; plus ailé; beau et très-bon.

* — **Nº 4**. Croisement de deux hybrides. *Grappe* un peu plus grande que celle du Lenoir; *grain* moyen, d'une couleur dorée, claire et transparente; belle conformation et beau bouquet, ressemblant au Frontignan blanc. Mûrit aussitôt que le Concord; feuillage indigène, mais en avant de toutes les vignes américaines pour la qualité; considéré comme du plus grand mérite par Downing, Saunders, Meehan et autres.

* — **Nº 5** (Delaware et Clinton). *Grappe* et *grain* plus gros que ceux du Delaware ; fruit tacheté. « Berckmans m'écrit qu'il a bien produit chez lui (presque aucune vigne ne marche bien dans son terrain). Il dit qu'il a une végétation aussi forte et aussi saine que celle du Clinton (plus forte chez moi); il le considère comme plein de promesses et digne d'être dénommé. Il me tarde que vous en fassiez l'essai : feuillage indigène; n'a ni la carie noire, ni le *mildew*.»

Garnet (Frontignan rouge et Clinton). — *Grappe* et *grain* plus gros que ceux du Clinton, d'une belle couleur grenat foncé; bouquet et tournure étrangers, mais feuillage indigène.

Concord et **Etranger**(Bowood Muscat), nº 8. — Noir. *Grappe* et *grain* très-gros et lâches; peau épaisse; tournure étrangère; bouquet légèrement musqué. Forte végétation grand feuillage, comme celui des *Labruscas* Mûrit tard, comme le Catawba.

Halifax et **Hamburg** nº 11.—Noir. *Grappe* et *grain* de grosseur moyenne; peau épaisse, n'a de mérite que son extrême fertilité et sa santé; n'a jamais eu la carie noire depuis dix ans que je le cultive.

Peter Wylie nº 1 (Parenté : père, Halifax

et Étranger; mère, Delaware et Étranger). Blanc transparent, tournant au jaune d'or à la pleine maturité ; *grappes* et *grains* entre le Delaware et le Concord. Plante vigoureuse, à végétation rapide, à mérithalles courts, à feuilles indigènes, épaisses ; conserve ses feuilles et mûrit son bois complétement. (De même, Peter Wylie, n° 2, obtenu d'un pepin de P. W. n° 1).

Robert Wylie. — Bleu; *grappe* grosse et longue; *grain* gros; peau mince ; riche et juteux; mûrit aussi tard que le Catawba; produit beaucoup. Un de mes meilleurs hybrides, mais qui pourrait n'être pas tout à fait rustique, le bois n'en étant pas très-dur.

Gill Wylie (Concord et Étranger). — Bleu ; *grappe* grande, lâche et très-ailée; *grain* gros, oblong, texture molle et riche ; mûrit comme le Concord, mais, dans l'ensemble, supérieur à lui. Très-Labrusca pour le feuillage et exempt de maladies. Considéré comme *donnant les plus grandes espérances*.

* Delaware et Concord n° 1. — Rouge foncé; *grappe* et *grain* moyens; peau passablement épaisse; jus riche et doux, légèrement musqué; plante très-rustique, à feuillage de *Labrusca* ; produit beaucoup, réussit toujours et pourra faire un bon raisin pour la cuve.

Herbemont Hybrid (Halifax et Étranger n° 1 et Herbemont n° 2). — Bleu foncé ; *grappe* et *grain* moyens ; l'un des raisins les plus délicats, les plus doux et les plus *bouquetés* de la collection. Vigne saine et rustique chez moi.

Hybrid Scuppernong n° 5. (Parenté : père, Bland Madeira et Étranger n. 1 ; mère, Scuppernong hybride à étamines, obtenu par la fécondation du Black Hamburg, au moyen du pollen du Scuppernong). Comme vous le voyez, c'est seulement un quart de sang de Scuppernong. Je n'ai jamais pu, jusqu'à présent, obtenir un demi-sang de Scuppernong qui portât du fruit parfait. La vigne est saine et rustique ici; elle donne un fruit *blanc*, transparent. *Grappe* moyenne; *grains* gros ; peau mince, mais coriace; presque sans pulpe, riche, douce, avec un bouquet particulier ; paraît mûrir ses grains tous ensemble (aussitôt que le Concord) et les bien conserver sur la grappe, ce que quelques-uns des hybri-

des de Scuppernong ne font pas. Je crois qu'il s'accommodera de votre climat; il est certainement digne d'un bon essai.

Halifax et **Delaware** n° 30. — Couleur du Delaware ; *grappe* à peu près de la même grosseur ; *grains* de moitié plus gros; tournure et bouquet ressemblant aussi beaucoup à ceux du Delaware, mais (ici) il conserve mieux ses feuilles et est en général plus sain ; feuilles quelquefois blanchâtres en-dessous. Produit beaucoup.

Halifax et **Delaware** n° 38. — De couleur rouge plus foncé que le précédent et d'un bouquet supérieur, mais végétation moins forte que le n° 30. Bois dur; feuilles blanchâtres et ferrugineuses (rouilleuses) en-dessous. M. Guthrie me dit que cette variété était celle qui méritait la préférence parmi près de quatre-vingts hybrides qu'il avait en rapport.

Halifax et **Hybride** n° 55. — Bleu comme l'Halifax, mais fortement *bouqueté*, tendre et très-doux; *grappe* et *grain* plus gros que les n°ˢ 30 et 38. Je crois que ce sera une très-bonne acquisition.

Je vous ai envoyé à peu près tous ceux de mes hybrides qui probablement seront suffisamment rustiques sous votre climat. Il y en a deux autres que je voudrais bien vous faire essayer; mais les vignes en ont été tellement abîmées, que je n'ai pas de bois digne de vous être envoyé. Je continue à faire toujours des hybridations, plus ou moins *chaque, année.* »   A. P. Wylie.

York Madeira. Syn. : Black German, Large German, Small German, Marion Port, Wolfe, Monteith, Tryon. — Vieille variété probablement semis d'Isabelle ; originaire d'York, Pa. *Grappe* moyenne, compacte et généralement un peu ailée; *grain* moyen, rond-ovale, noir, couvert fortement d'une fleur claire; jus légèrement rougeâtre, doux, vineux, pas très-riche ; peau quelque peu piquante; pas trop de consistance de la pulpe quand il est bien mûr, ce qui lui arrive à peu près en même temps qu'à l'Isabelle. Plante pas très-rustique, à entre-nœuds courts, modérément vigoureuse et productive, mais perdant souvent ses feuilles et, par suite, n'arrivant pas à mûrir ses fruits. Charles Canby de Wilmington, Del., introduisit la même variété sous le nom de *Canby's August*. *L'Hyde's Eliza* (Catskill, N.-Y.) est aussi probablement le même[1].

[1] C'est aussi presque sûrement le *Vorling-*

ton du comte Odart (par corruption du mot Worthington), qui s'est montré très-résistant au phylloxera dans les cultures de M. Henri Aguillon, à Chibron (Var).— J.-E. PLANCHON.

NOTE SUR LE SYSTÈME D'ŒCHSLE

Le lecteur aura remarqué que les indications relatives à la richesse des moûts sont données d'après l'échelle d'Œchsle. Voici, l'extrait d'une lettre de MM. Bush et fils et Meissner, qui le fixera sur cette graduation :

« Le poids en moût indiqué sur notre Catalogue est établi d'après l'instrument
» d'Œchsle (système allemand), généralement employé chez nous, quoique avec très-peu
» de soin, souvent sans qu'on ait égard à la température, ce qui donne des résultats
» fort inexacts.

» 70° d'Œchsle, à 62° Farenheit (16°,67 centigrades), équivalent à 13,6 pour cent de
» sucre, ou à 7 pour cent d'alcool après fermentation ;

» 80° Œchsle = 16 p. % sucre ou 9,3 % d'alcool
» 90° — = 18 1/2 — ou 11 —
» 100° — = 21 — ou 12,7 —
» 110° — = 23 1/2 — ou 14,5 — »

TABLEAU

DES

VARIÉTÉS PRINCIPALES

QUI SONT CULTIVÉES AUX ÉTATS-UNIS

SOIT POUR LA TABLE, SOIT POUR LA CUVE

Emploi	Maturité	Dimension	Couleur	DÉSIGNATION DES VARIÉTÉS	Pages du Catalogue
T.	M.	M.	R.	AGAWAM (Hybride de Rogers Nº 15)...........	58
T. V. b.	T.	M.	R.	CATAWBA (Labr. S.).........................	67
V. r.	M	P.	N.	CLINTON (Cord.)............................	69
T. V.	M.	G.	N.	CONCORD (Labr. N.).......................	70
T.	P.	M.	N.	CREVELING (Labr.).	74
V. b.	T.	P.	N.	CUNNINGHAM (Æst.)......................	76
V. r.	T.	P.	N.	CYNTHIANA (Æst.).......................	77
T. V. b.	P.	P.	R.	DELAWARE (Hybr. de Labr. et de V. vinif. ?)....	79
T. V. b	T.	G.	R	DIANA (Labr. S.)	81
V. r.	P.	M.	N.	EUMELAN (Æst,)..........................	84
T. V. b.	T.	G.	B.	GOETHE (Hybr. de Rogers Nº 1)	87
T.	P.	G.	N.	HARTFORD PROLIFIC (Labr. N.).............	87
V.	T.	P.	N.	HERBEMONT (Æst.).......................	88
T.	M.	G.	N.	HERBERT (Hybr. de Rogers Nº 44)............	90
V.	T	P.	N.	HERMANN (Æst.).........................	90
T. V. b.	T.	G.	R.	IONA (Labr. S.)...........................	93
T.	P.	M.	N.	ISRAELLA (Labr. S.).......................	95
T. V. r.	P.	M.	N.	IVES (Labr. N.)............................	95
T.	M.	G.	R.	LINDLEY (Hybr. de Rogers Nº 9)............	98
T. V. b.	M.	P.	N.	LOUISIANA (Æst.).......................	99
T. V. b.	M.	M.	B.	MARTHA (Labr. N.).......................	101
T.	P.	G.	R.	MASSASSOIT (Hybr. de Rogers Nº 3)...........	101
T.	M.	M.	B.	MAXATAWNEY (Labr. S.).....................	102
T.	T.	M.	N.	MERRIMACK (Hybr. de Rogers Nº 19)...........	102
T. V. b.	P.	G.	N.	NORTH CAROLINA (Labr.)....................	105
V. r.	T.	P.	N.	NORTON'S VIRGINIA (Æst.)................	106
T.	M.	M.	R.	REQUA (Hybr. de Rogers Nº 28)............. .	110
T. V. b.	M.	P.	N.	RULANDER ou Sᵉ Geneviève (Æst.)............	112
T. V. b.	M.	G.	R.	SALEM (Hybr. de Rogers Nº 53)................	112
V. b.	T.	P.	B.	TAYLOR (Cord.)........................	117
T.	P.	M.	N.	TELEGRAPH (Labr. N.)....................	117
T. V. b.	P.	M.	R.	WALTER (Labr.)	119
T. V. b.	M.	G.	N.	WILDER (Hybr. de Rogers Nº 4)...............	122

Explication des lettres: T., table, tardive ; V.b., vin blanc ; V. r., vin rouge : M., moyenne ; P., petite et précoce ; G., grande ; R., rouge ou rosée ; N., noire ; B., blanche.

Ce tableau ne se trouve pas dans le Catalogue anglais. Nous l'empruntons à un prospectus publié par MM. Bush et fils et Meissner. (*Note des Trad.*)

Les lettres N et S, après Labr., signifient Labr. du groupe Nord ou du groupe Sud. Autant que nous l'avons pu, nous avons indiqué cette distinction, qui a une certaine importance au point de vue du phylloxera, le premier groupe étant considéré comme plus résistant que le second. (*Note des Trad.*)

LISTE ADDITIONNELLE

Consistant en nouveautés qui promettent bien, en variétés nouvelles ainsi qu'en variétés plus anciennes, mais pas assez connues, ou estimées seulement dans certaines contrées ou pour collections d'amateurs.

Emploi	Maturité	Dimension	Couleur	DÉSIGNATION DES VARIÉTÉS	Pages du Catalogue
T.	P.	M.	N.	ADIRONDAC (Labr. S.)	57
T.	M.	M.	B.	ALLEN (Hybride d')	60
V. r. T.	P.	P.	N.	ALVEY (Æst. ? ou Hybr. ?)	60
T.	P.	G.	N.	AMINIA (supposé Hybr. de Rogers N° 39)	60
T.	P.	P.	B.	AUTUCHON (Hybr. d'Arnold N° 5)	61
T.	M.	G.	N.	BARRY (Hybr. de Rogers N° 43)	62
T.	T.	M	N.	BLACK DEFIANCE (Hybr.)	63
T.	P.	M.	N.	BLACK EAGLE (Hybr.)	63
T.	P.	M.	N.	BLACK HAWK (Labr. ?)	63
T.	P.	P.	N.	BRANT (Hybr. d'Arnold N° 8)	65
T. V.	M.	M.	R.	BRIGHTON (Labr.)	65
T. V.	M.	M.	N.	CAMBRIDGE (Labr.)	66
T. V. r.	P.	M.	N.	CANADA (Hybr. d'Arnold N° 16)	66
T.	T.	M.	B.	CASSADY (Labr.)	68
T.	P.	M	R.	CHALLENGE (Hybr.?)	68
T.	M.	M.	B.	CONCORD-CHASSELAS (de Campbell.)	72
T.	M.	G.	B.	— MUSCAT (Hybr.?)	72
T.	M.	M.	N	CONQUEROR (Hybr.)	73
T. V.	M.	M.	N.	CORNUCOPIA (Hybr. d'Arnold N° 2)	73
T. V.	P.	M.	N.	COTTAGE (Labr. N.)	74
T.	P.	M.	B.	CROTON (Hybr.)	74
T.	P.	G.	R.	DRACUT AMBER (Labr. N.)	82
T.	P.	P	N.	ELSINBURG (Æst.)	83
T. V. b.	M	M	B.	ELVIRA, de Rommel (Cord.)	83
T.	M.	M.	R.	HINE (Labr.)	92
T.	P.	M.	B.	IRVING, d'Underhill (Hybr.)	94
V. r.	T.	P.	N.	JAQUES ou OHIO (Æst.)	107
T.	P.	M.	B.	LADY, de Campbell (Labr. N.)	96
V. r.	T.	P.	N.	LENOIR (Æst.)	98
T V. r.	M.	M.	N.	MARION (Cord.)	100
T.	P.	M.	N.	MARY-ANN (Labr.)	101
V.	T.	P.	N.	NEOSHO (Æst.)	103
T.	M.	M.	R.	NORTHERN MUSCADINE (Labr. N.)	104
T.	T	M.	N.	OTHELLO (Hybr.)	108
T.	P.	M.	B.	PERKINS (Labr. N.)	108
T.	M.	M.	B.	REBECCA (Labr. S.)	109
T. V. r.	M.	G.	N.	RENTZ (Labr. N.)	110
				ROGERS (Hybrides de) N° 2, 8, 13, 24, 30, 32, 33..	111
V. b.		G.	B.	SCUPPERNONG blanc (Rotund.)	112
V. r.		M.	R.	SCUPPERNONG rouge. Flowers. (Rotund.)	112
T.	M.	G.	N.	SENASQUA (Hybr.)	116
T.	M	G,	B.	TRIUMPH, de Campbell. (Hybr.)	118
T.	P.	M	B.	UNA (Labr.)	118
T.	T.	G.	N.	UNION VILLAGE (Labr. S.)	119
T.	M.	G.	R.	VENANGO ou MINER'S SEEDLING (Labr. N.)	119
T. V. b.	P.	P.	B.	WHITE DELAWARE, de Campbell. (Hybr.)	121

TABLE DES MATIÈRES

I.— MANUEL

II.— DESCRIPTION DES VARIÉTÉS

Les variétés-types sont écrites en PETITES MAJUSCULES; les variétés, les plus saillantes,en GROSSES MAJUSCULES; les synonymes en *italiques* ; les vieilles variétés mises de côté et les nouveautés non répandues, en caractères ordinaires.
Les variétés marquées d'un astérisque sont reproduites par la gravure.

ERRATA

Pag. 17, 1re col., 16e lign., lisez : *revue*, au lieu de *revu*.

— 25, 1re col., 19e lign., — *Wylie's Delaware Hybrids*, au lieu de *Wylie*, *Delawar. Hybrids*.

— 52, 2e col. — *The Gigantic Root-Borer*, au lieu de *The Gigantic Root-Bourer*

— 53, 2e col., 1re planche, — *d, insecte, grossi*, au lieu de *chenille, grossie*.

— 58, 1re col., 13e lign., — *Constantia, Springmill*, etc., au lieu de *Constantia Springmill*.

— 73, — CORNUCOPIA, au lieu de CORNUCOPI

— 107, 1re col., 4e lign., — *Black Spanish Alabama*, au lieu de *Black Spanish*, *Alabama*.

— 123, 2e col., 5e alinéa, — **Garnet* au lieu de *Garnet*

MONTPELLIER — IMPRIMERIE CENTRALE DU MIDI

www.ingramcontent.com/pod-product-compliance
Lightning Source LLC
Chambersburg PA
CBHW062026200326
41519CB00017B/4946